essentials

essentials liefern aktuelles Wissen in konzentrierter Form. Die Essenz dessen, worauf es als „State-of-the-Art" in der gegenwärtigen Fachdiskussion oder in der Praxis ankommt. *essentials* informieren schnell, unkompliziert und verständlich

- als Einführung in ein aktuelles Thema aus Ihrem Fachgebiet
- als Einstieg in ein für Sie noch unbekanntes Themenfeld
- als Einblick, um zum Thema mitreden zu können

Die Bücher in elektronischer und gedruckter Form bringen das Expertenwissen von Springer-Fachautoren kompakt zur Darstellung. Sie sind besonders für die Nutzung als eBook auf Tablet-PCs, eBook-Readern und Smartphones geeignet. *essentials:* Wissensbausteine aus den Wirtschafts-, Sozial- und Geisteswissenschaften, aus Technik und Naturwissenschaften sowie aus Medizin, Psychologie und Gesundheitsberufen. Von renommierten Autoren aller Springer-Verlagsmarken.

Weitere Bände in der Reihe http://www.springer.com/series/13088

Jonas Rashedi

Datengetriebenes Marketing

Wie Unternehmen Daten zur Skalierung ihres Geschäfts nutzen können

Jonas Rashedi
Waldbronn, Deutschland

ISSN 2197-6708 ISSN 2197-6716 (electronic)
essentials
ISBN 978-3-658-30841-4 ISBN 978-3-658-30842-1 (eBook)
https://doi.org/10.1007/978-3-658-30842-1

Die Deutsche Nationalbibliothek verzeichnet diese Publikation in der Deutschen Nationalbibliografie; detaillierte bibliografische Daten sind im Internet über http://dnb.d-nb.de abrufbar.

Planung/Lektorat: Angela Meffert
Springer Gabler ist ein Imprint der eingetragenen Gesellschaft Springer Fachmedien Wiesbaden GmbH und ist ein Teil von Springer Nature
Die Anschrift der Gesellschaft ist: Abraham-Lincoln-Str. 46, 65189 Wiesbaden, Germany

Was Sie in diesem *essential* finden können

- Welcher Nutzen für Unternehmen aus einem datengetriebenen Marketing entsteht,
- mit welchem Prozess sich ein datengetriebenes Marketing umsetzen lässt,
- welche technischen und analytischen Voraussetzungen für ein datengetriebenes Marketing notwendig sind,
- wie Daten für einen Entscheidungsprozess aufbereitet werden können,
- welche Formen der Automatisierung es gibt und welchen Nutzen diese Formen jeweils haben,
- welche Herausforderungen bei der Umsetzung eines datengetriebenen Marketings typischerweise entstehen und wie diese bewältigt werden können.

Vorwort

Wir leben in einer Zeit, in der Daten immer mehr Relevanz besitzen, und zwar sowohl für die Geschäftsmodelle von Unternehmen im Gesamten als auch für einzelne Funktionsbereiche. Insbesondere im Marketing besitzen Daten eine hohe Relevanz, denn sie helfen, den Kunden zu verstehen und geeignete Maßnahmen abzuleiten. Doch während junge Unternehmen die Nutzung von Daten im Marketing bereits verinnerlicht haben, tun sich traditionelle Unternehmen oft schwer, einen Einstieg und darauf aufbauend einen für sie passenden Weg zu finden.

Datengetriebenes Marketing bedeutet für mich, dass ein Unternehmen rückwirkend erklären und/oder prognostizieren kann, welche Ergebnisse durch die Ausführung definierter Marketing-Maßnahmen eingetreten sind bzw. eintreten werden. Zielsetzung des datengetriebenen Marketings ist es, bessere Entscheidungen zu treffen und diese automatisiert umzusetzen.

Daten sammeln, Daten verstehen, Entscheidungen auf Basis dieser Daten fällen, automatisieren und organisatorisch verankern – das ist der Prozess, den ich mit diesem Buch aufzeige und der sowohl für junge als auch für traditionelle Unternehmen geeignet ist, ein datengetriebenes Marketing zu entwickeln und umzusetzen. Der Prozess ist darüber hinaus unabhängig von aktuell vorhandenen technologischen Lösungen gestaltet, sodass er für Unternehmen als längerfristig gültiger Orientierungsrahmen dienen kann.

Viel Spaß bei der Lektüre und gute Erkenntnisse wünscht Jonas Rashedi.

Jonas Rashedi

Inhaltsverzeichnis

1 Einleitung

Wie befremdlich es wirkt, wenn wir uns heutzutage Filme über Sportereignisse vergangener Tage ansehen: Die Sportler wirken auf uns mutig, wenn sie mit aus heutiger Sicht klapprigen Fahrrädern die Bergetappen der Tour de France meistern. Heute verfügen die Athleten über eine Hightech-Ausstattung. Auch beim Triathlon hat sich in den letzten Jahren viel verändert und die Athleten wurden deutlich professioneller: In den Anfangszeiten dieser Sportart waren die Teilnehmer meist nur in einer der drei Disziplinen richtig fit. Mit fit meine ich zum einen die körperliche Fitness, zum anderen aber auch die technische Ausstattung und das technische Wissen. Heutzutage ist der Sport professionalisiert, was sich vor allem im Training zeigt. Vor 20 Jahren waren fünf bis sieben Stunden Training am Tag vollkommen normal. In einer Woche kam der Triathlet auf rund 20 km Schwimmen, 800 km Radfahren und 120 km Laufen. Es war die Zeit der „Trainingsweltmeister". Das Training heute ist im Gegensatz dazu wissenschaftlich fundiert: Es stehen nicht die zurückgelegten Distanzen im Vordergrund, sondern ein smartes, sehr effektives Training. Die Basis dessen bilden softwaregestützte Analysen, die Trainingsumfänge und -intensitäten bis ins Detail planen.

Alles in allem führte die Professionalisierung zu einem Anstieg der Leistungsfähigkeit der Sportler und einer deutlichen Reduzierung der Zeiten: So lag beispielsweise die Siegeszeit beim ersten Ironman Hawaii bei 11:46:40 h. Bei der Austragung im Oktober 2019 überschritt der Sieger nach 07:51:13 h die Ziellinie – dies entspricht einer Reduzierung um rund ein Drittel!

Einen wesentlichen Anteil an der Professionalisierung im Triathlon hat die Nutzung von Daten. Gehen wir davon aus, dass ein Athlet das Ziel hat, einen Marathon in unter drei Stunden zu laufen. Um dieses Ziel durch die Nutzung von

J. Rashedi, *Datengetriebenes Marketing,* essentials,
https://doi.org/10.1007/978-3-658-30842-1_1

Daten zu erreichen, geht unser cleverer Triathlet (siehe Abb. 1.1) in fünf Schritten vor.

Der erste Schritt bezieht sich auf die Sammlung von Lauf- und Trainingsdaten aus unterschiedlichen Quellen. Die Quellen können in diesem Fall seine Körpersensoren sein oder auch eine Kamera, über die ein Video zur späteren Laufauswertung aufgenommen wird (= Sammlung von Daten oder „Collect"). In der zweiten Phase (= Verstehen der Daten oder „Understand") geht es darum, die gesammelten Daten zu verstehen. Konkret bedeutet das, sich die Frage zu stellen, welche Erkenntnisse aus den erhobenen Daten gewonnen werden können. Beispielhafte Fragen sind: In welchem Pulsbereich ist ein Training effektiv? Wie viele Umdrehungen sind beim Fahrradfahren für ein effizientes Fahren optimal? Wie kann über den Laktatwert das für einen Sportler optimale Training bestimmt werden?

Der dritte Schritt bezieht sich auf die Entscheidung über die konkrete Ausgestaltung des Trainings, basierend auf den zuvor erhobenen und verstandenen

Abb. 1.1 Was haben Triathlon und datengetriebenes Marketing gemein? (Quelle: eigene Darstellung)

Daten (=Treffen von Entscheidungen oder „Decide"). Der vierte Schritt umfasst die Automatisierung. Automatisiert werden können z. B. Alerts. Das heißt, die Smartwatch stellt während des Laufens fest, ob der Athlet schneller oder langsamer als normalerweise läuft. In der Folge kann der Athlet dann seine Geschwindigkeit nach oben oder unten anpassen. Durch die Automatisierung kann sich der Athlet auf das Wesentliche konzentrieren, nämlich sein Training (=Automatisierung oder „Automate").

Der fünfte und letzte Prozessschritt (=Ausführung oder „Execute") beinhaltet die fortwährende Wiederholung der Schritte „Understand", „Decide" und „Automate", um die Trainingszeiten zu verbessern und das Training sowie die Datenerhebung und Datenauswertung zu optimieren. Eine Optimierung kann sich z. B. auf die Integration zusätzlicher Tests beziehen, um genauere Informationen über die Vorgänge im Körper zu erhalten (z. B. Laktat-Test) oder auf eine Veränderung des Trainingsgerätes (z. B. Verwendung eines spezifischen Triathlon-Fahrrades anstelle des bisher benutzten Rennrades).

Warum dieser kurze Ausflug in den Sport und in den Triathlon? Das Bespiel zeigte, dass es vor einigen Jahren möglich war, mit einfacher Technik Erfolge zu erzielen. Heute stellt sich die Situation häufig anders dar und es ist durch das hohe Maß an Professionalisierung mehr Aufwand nötig, um vorne dabei zu sein (z. B. technische Ausstattung, Ernährungsberater …). Dies trifft auch für den Themenbereich zu, mit dem sich das vorliegende Werk auseinandersetzt: das datengetriebene Marketing.

In den Anfangszeiten des Internets wurde mit aus heutiger Sicht fürchterlichen Webseiten und einer grauenvollen Usability gearbeitet. Auch die ersten Onlineshops wirkten wenig ansprechend. Und die Betreiber investierten nicht viel in Auswertungen und Analysen. Eine Optimierung der Kundenreise oder der Conversions? Zum damaligen Zeitpunkt Fehlanzeige.

Dennoch rechneten sich diese ersten Onlineshops für die Betreiber: Zum einen, weil die Konkurrenz sehr gering und damit die Auswahl für die Kunden im Vergleich zu heute begrenzt war. Zum anderen lag es aber auch an den Kunden selbst: Die ersten Einkäufer waren Early Adopter, also Menschen, die als Erste etwas Neues ausprobieren und dabei auch Risiken in Kauf nehmen. Sie ließen sich von einer schlechten Bedienbarkeit oder einer geringen Übersichtlichkeit der Seite nicht von ihren ersten Online-Shopping-Erlebnissen abhalten.

Ganz anders gestaltet sich die Situation heute. Wettbewerbsseitig ist ein zunehmender Konkurrenzdruck festzustellen. Es gibt kaum einen Bereich, indem es nicht für ein Produkt mehrere, wenn nicht gar dutzende Anbieter gibt. Diese konkurrieren mit ihren Angeboten auf unterschiedlichen Ebenen (Qualität, Preis, Lieferzeit …). Kundenseitig sind eine höhere digitale Reife und eine gestiegene Anspruchshaltung festzustellen. Anbieter sind deshalb gefordert, diesen Anforderungen gerecht zu werden. Aus der holzschnittartig dargestellten Situation wird auch klar, warum wir uns im Online-Marketing und in angrenzenden Bereichen u. a. mit folgenden Trends und Entwicklungen auseinandersetzen, um kosteneffizient arbeiten und Wettbewerbsvorteile erlangen zu können:

- Erhöhung der Nutzerfreundlichkeit und der Relevanz für den Nutzer, um die Wahrscheinlichkeit zu erhöhen, dass sich der Nutzer mit dem Angebot des eigenen Unternehmens auseinandersetzt,
- Erhöhung der Conversions, um letztendlich eine höhere Kosteneffizienz der eigenen Maßnahmen sowie eine höhere Rentabilität der eigenen Unternehmung zu erreichen,
- Automatisierung von Abläufen, um den Anteil menschlicher Arbeitskraft und damit letztendlich die Kosten zu reduzieren,
- Einsatz von Technologien wie z. B. künstlicher Intelligenz (KI), um große Datenmengen auswerten und bessere Entscheidungen treffen zu können,
- Erhöhung der Geschwindigkeit von Abläufen, um sich schneller an veränderte Bedingungen im Umfeld anzupassen (z. B. automatische Anpassung von Preisen).

Bei all diesen Maßnahmen wird häufig nach Bauchgefühl entschieden oder man orientiert sich an der Konkurrenz („Wenn die anderen das so machen, sollten wir das auch tun"). Allerdings ist auch zu erkennen, dass bereits heute eine Vielzahl von Entscheidungen durch Datengenerierung fundiert werden kann. Konkret bedeutet das also einen Trend zu einem vermehrten Technologieeinsatz, einem höheren Automatisierungsgrad und einer daraus resultierenden stärkeren Datenfundierung von Entscheidungen.

An diesem Punkt setzt dieses Buch an. Ich möchte aufzeigen, wie wir in der heutigen schnelllebigen und durch intensiven Wettbewerb gekennzeichneten Welt durch die Nutzung von Daten zu fundierteren und damit besseren Entscheidungen kommen.

Das Buch richtet sich an Menschen, die ihr Unternehmen datengetriebener machen und das Thema datenfundierter Entscheidungen voranbringen und etablieren wollen. Es unterstützt den Leser dabei, die eigene Strategien und Maßnahmen zu entwickeln und zu kontrollieren und mit dem Unternehmen zu wachsen. Zielgruppe sind Berufsanfänger, Studenten sowie Fach- und Führungskräfte im Bereich oder mit Interesse am Marketing und datengetriebenen Entscheidungen.

Beispiel: Vorstellung Bekleidungsunternehmen

Zur Veranschaulichung von Sachverhalten gehen wir immer vom gleichen Beispielunternehmen aus. Unser Beispielunternehmen ist ein Bekleidungshändler im Omnichannel-Betrieb, d. h., er vertreibt seine Produkte sowohl online als auch offline. Im Offline-Betrieb unterhält das Unternehmen mehrere Ladengeschäfte in einem Bundesland. Online verfügt der Bekleidungshändler über einen Onlineshop und seit Kurzem auch über eine Applikation für mobile Endgeräte (App). Das Unternehmen generiert aktuell einen Umsatz im zweistelligen Millionenbereich. Momentan sieht es sich aber drei wesentlichen Herausforderungen gegenüber:

- Realisierung eines Generationenwechsels der Kundschaft, d. h. eine Ausrichtung des gesamten Unternehmens auf eine jüngere Zielgruppe,
- Etablierung der noch sehr neuen mobilen Applikation am Markt,
- Deutlich langsameres Wachstum als vergleichbare Konkurrenzunternehmen.

Das Unternehmen möchte zur Bewältigung dieser Herausforderungen u. a. seine Maßnahmen deutlich stärker auf Daten fundieren. ◀

Das datengetriebene Marketing lässt sich, analog zur bereits aufgezeigten Vorgehensweise unseres Triathleten, in einem fünf Phasen umfassenden Prozess abbilden:

1. Collect (= Daten sammeln)
2. Understand (= die gesammelten Daten verstehen)
3. Decide (= fundierte Entscheidungen treffen)
4. Automate (= Automatisierung des Prozesses)
5. Execute (= Ausführung des Prozesses)

Bevor wir in den Prozess einsteigen können, müssen Ziele festgelegt werden. Also konkret: Welches Ergebnis möchten wir erreichen? Zu berücksichtigen ist hierbei, dass wir nicht von einer 100 %-Lösung ausgehen sollten. Denn dazu ist die Zeit viel zu schnelllebig, dazu verändern sich die Rahmenbedingungen und die Konkurrenzsituation zu stark in zu kurzen Zeitabständen. Vielmehr sollten wir nach dem Paretoprinzip arbeiten, das auch als 80-zu-20-Regel bekannt ist. Konkret sagt das Prinzip aus, dass 80 % der Ergebnisse mit nur 20 % des

Gesamtaufwandes erzielt werden können. Wollen wir die restlichen 20 % des Gesamtergebnisses erreichen, so erfordert dies einen vergleichsweise hohen Aufwand. Zunächst verschaffen wir uns einen Überblick über die gesamte Situation und erarbeiten auf Basis dieses Überblicks realistische Ziele („80 %-Ziele").

Der Prozess im Detail

Der erste Schritt (siehe zum Überblick über den Prozess Abb. 1.2) bezieht sich auf das Sammeln von Daten („Collect"). Hierzu gilt es zu identifizieren, an welchen Punkten überhaupt relevante Daten anfallen. Folgende Fragen helfen uns, diese Punkte zu identifizieren:

- An welchen Stellen haben wir direkten Kontakt mit den Kunden („Customer Touchpoints")?
- Welche Daten entstehen an diesen Kontaktpunkten?
- Aus welchen weiteren Quellen können wir Daten über den Kunden gewinnen?
- Welche Daten brauchen wir überhaupt und wie können wir diese sammeln?

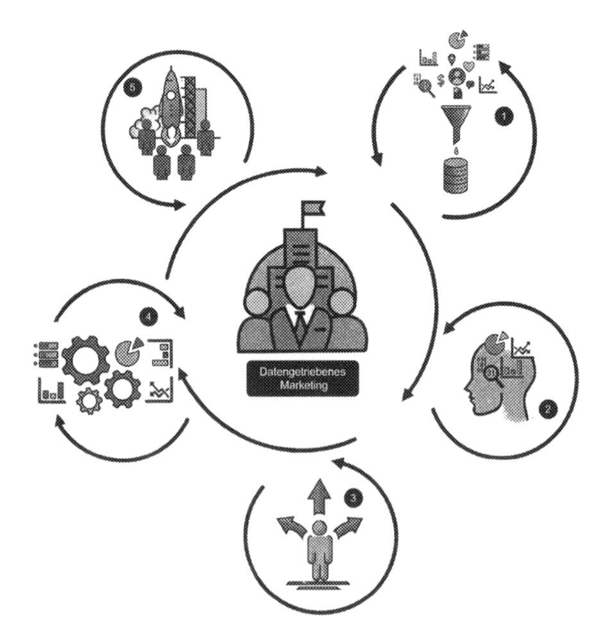

Abb. 1.2 Prozess des datengetriebenen Marketings. (Quelle: eigene Darstellung)

Naheliegende Kontaktpunkte sind die Webseite, der Onlineshop oder die Social-Media-Auftritte eines Unternehmens. Doch auch die Reaktionen auf digital ausgespielte Werbung oder E-Mails sind mögliche Kontaktpunkte. Im Zuge der Digitalisierung sind zudem Daten, die aus einer Produktnutzung entstehen, zu berücksichtigen. Neben der reinen Sammlung von Daten gehören zum ersten Schritt auch die Speicherung der relevanten Daten sowie deren Vorbereitung zur Verarbeitung.

Der zweite Schritt umfasst das Verstehen der erhobenen Daten („Understand"). Das Verstehen ist dabei in zwei Dimensionen zu betrachten: Zum einen muss verstanden werden, wie die Daten eigentlich zustande kommen (z. B. was sind die Treiber für eine bestimmte Kennzahl?) und was sie im jeweiligen Kontext aussagen. Zum anderen bezieht sich ein Verstehen aber auch auf die Ergebnisse der Auswertungen und Analysen, d. h. auf das Verstehen der Analyseergebnisse (z. B. „Was sagt die verdichtete Kennzahl genau aus?").

Leitfragen für den zweiten Schritt sind:

- Wie entstehen diese Daten konkret?
- Welche Erkenntnisse können aus den erhobenen Daten gewonnen werden?
- Welche Schlussfolgerungen können **nicht** gewonnen werden?

Die Leitfragen mögen im ersten Moment trivial erscheinen, sie sind es aber ganz und gar nicht. Während meiner Tätigkeit als Berater stand ich öfter vor der Situation, dass die inhaltliche Bedeutung von Daten im Unternehmen nicht klar war – und zwar über alle Hierarchieebenen hinweg. Oft können Betroffene oder Verantwortliche bereits auf so einfache, aber elementare Fragen wie bspw. „Werden die Umsätze mit oder ohne Umsatzsteuer ausgewiesen?", „Sind die Retouren bereits abgezogen oder nicht?" oder „Auf welchen Tag werden die Retouren gebucht?" keine Antwort geben. Im Unternehmen muss aber zwingend ein einheitliches Verständnis bzgl. der wichtigsten Metriken vorhanden sein. Liegt dieses nicht vor, werden Ergebniszahlen unterschiedlich interpretiert.

Der dritte Schritt im Prozess („Decide") bezieht sich auf das Treffen von fundierten Entscheidungen auf Basis der generierten und ausgewerteten Daten. Die Entscheidungen können entweder von einem Menschen oder einem Algorithmus getroffen werden. Trifft ein Mensch die Entscheidung, so hilft eine visuelle Aufbereitung der relevanten Daten, damit der Entscheider alle notwendigen Informationen auch aufnehmen kann.

Das Zusammenspiel der ersten drei Schritte ist im folgenden Beispiel veranschaulicht. Zu erkennen ist dabei, dass unterschiedliche Produkte trotz gleicher Datenlage unterschiedlich behandelt werden müssen.

Beispiel: Bedeutung und Zusammenspiel der Phasen Collect, Understand und Decide

Wir gehen von unserem Onlineshop für Bekleidung aus. Der Betreiber erhebt Nutzerdaten, um die Anzahl der Conversions bzw. den Umsatz zu erhöhen. Bei einer Auswertung der Daten stellt er fest, dass Krawatten ein saisonales Produkt sind und im Winter deutlich häufiger verkauft werden. Insofern ist es sinnvoll, die Bestandskunden im Dezember sowohl postalisch als auch per E-Mail anzuschreiben und Krawatten zu bewerben. Um Neukunden zu gewinnen, geht der Betreiber ferner nach dem Lookalike-Prinzip vor, d. h., er adressiert im Internet oder postalisch Nutzer, die seinen bestehenden Krawattenkunden möglichst ähnlich sind (= statistische Zwillinge).

Das Vorgehen ist ein Erfolg und der Onlineshop kann durch die Maßnahmen den Krawattenabsatz um 12 % erhöhen.

Nachdem der Ansatz so gut funktioniert hat, wendet der Händler das gleiche Vorgehen auch für andere Produktgruppen an. Bei vielen Produktgruppen, so z. B. auch bei Umstandsmoden, funktioniert das Vorgehen aber nicht. Durch weitere Analysen stellt der Händler fest, dass Umstandsmoden nicht saisonal, sondern in Abhängigkeit von der Lebenssituation gekauft werden. Ein Ausspielen von Werbung ist schwierig, sofern der Händler nicht genaue Informationen über die Lebenssituation hat. Der Lookalike-Ansatz funktioniert hier nicht: Der Händler würde zwar Personen in der gleichen Lebenssituation (hier: schwangere Frauen) finden, allerdings müsste die Werbung zu Beginn der Schwangerschaft ausgespielt werden. Denn wird die Werbung Frauen in fortgeschrittenen Phasen der Schwangerschaft ausgespielt, dann besitzen diese bereits Umstandsmoden. ◀

Der vierte Schritt im Prozess beinhaltet die Automatisierung („Automate"). Die Automatisierung bezieht sich dabei auf die Datensammlung, -verarbeitung und -visualisierung. Letztendlich sollen vormals manuell ausgeführte Tätigkeiten automatisch abgewickelt werden können, also z. B. ein Abruf von automatisiert erstellten Reportings.

Im letzten Schritt („Execute") steht die Ausführung im Sinne einer operativen Umsetzung an. Dabei findet eine ständige Wiederholung der Phasen „Understand", „Decide" und „Automate" statt und die gewonnenen Erkenntnisse werden im Unternehmen kommuniziert.

Beispiel: Zusammenspiel der Phasen Decide, Automate und Execute

Für das Bekleidungsgeschäft bedeuten diese Phasen, zu analysieren und zu hinterfragen, ob die getroffenen Entscheidungen richtig oder falsch im Sinne der Zielerreichung waren. In der Phase Automate gilt es, Tools zu identifizieren, die manuelle Aufgaben übernehmen können. Sinnvoll wäre z. B. eine Data-Management-Plattform (DMP), welche die zu adressierenden Nutzer automatisiert an die Bannerausspielung übermittelt. Denkbar wäre auch ein Algorithmus, der zu erkennen hilft, ob sich eine Produktkategorie, wenn wir uns an das vorige Beispiel erinnern, eher wie Krawatten oder wie Umstandsmoden verhält, um die richtige Marketingmaßnahme auswählen zu können. ◄

Damit ist bereits an dieser Stelle festzuhalten, dass für die Etablierung eines datengetriebenen Marketings die Bereitschaft, Entscheidungen auf Basis von Daten zu treffen, eine zwingend notwendige Voraussetzung darstellt. Weiterhin ist eine funktionierende Kommunikation wichtig, um ein einheitliches Verständnis aufzubauen. „Gefährliches Halbwissen" in der Phase Understand kann zu Folgefehlern in der Erhebung und der Auswertung führen. Und schließlich gilt es, nicht den großen „Wurf" zu versuchen: Zielführender ist es, auf die Features vorhandener Tools und Instrumente zurückzugreifen und erstmal Quick Wins zu realisieren – die im Unternehmen im besten Fall dann Lust auf mehr Daten und mehr datengetriebene Entscheidungen machen.

2 Collect – Daten sammeln

Um datengetrieben arbeiten und entscheiden zu können, benötigen wir eine Grundlage. Diese wird im ersten Schritt des Prozesses gebildet, indem Daten aus unterschiedlichen Online- und Offlinequellen erhoben, gespeichert und für die weitere Verarbeitung vorbereitet werden.

In diesem Kapitel setzen wir uns damit auseinander,

- welcher konkrete und nachvollziehbare Nutzen für ein Unternehmen durch ein datengetriebenes Marketing entsteht,
- welche unterschiedlichen Datenarten und -quellen es gibt und wie wir die gewonnenen Daten zusammenführen,
- welche Herausforderungen durch fragmentierte Lösungen bei der Arbeit und der Nutzung der Daten auftreten und wie wir diese durch strukturelle und prozessuale Maßnahmen beheben können und
- welche Faktoren wir bei der Auswahl einer Technologie berücksichtigen sollten.

2.1 Was sind Daten?

Um Daten zielorientiert einsetzen zu können, ist es notwendig, dass wir uns mit dem Wesen von Daten auseinandersetzen. Was sind Daten überhaupt? Welche Daten stehen uns zur Verfügung? Aus welchen Quellen stammen diese Daten und in welcher Form liegen sie vor? Und vielleicht am wichtigsten: Welche Daten können uns dabei unterstützen, die täglich zu treffenden Entscheidungen zu optimieren? Mit diesen Fragen werden wir uns im Folgenden auseinandersetzen.

J. Rashedi, *Datengetriebenes Marketing*, essentials,
https://doi.org/10.1007/978-3-658-30842-1_2

Daten sind zunächst einmal nichts anderes als Zeichenfolgen, also Buchstaben, Zahlen oder Symbole. Die konkrete Bedeutung einer Zeichenfolge ist zunächst nicht klar. Aussagekraft erhalten Daten erst, wenn sie in einen Kontext gesetzt werden. Damit werden aus Daten Informationen. Durch eine Verknüpfung von Informationen resultiert schließlich Wissen: Die Zeichenfolge 190281 kann ein Datum darstellen. Ohne Kontext kann mit diesem Datum jedoch nicht gearbeitet werden. Wenn wir nun aber wissen, dass es sich hierbei um einen Geburtstag handelt, wird aus dem Datum eine Information. Verknüpfen wir das Geburtsdatum mit dem Wissen, dass sich Menschen über Geschenke zum Geburtstag freuen, und haben wir als Shop-Betreiber zu dem Geburtstag auch einen Namen und eine E-Mail-Adresse, dann könnten wir bspw. einen Geburtstagsgutschein senden.

Daten sind also Zeichenfolgen, die in einen Kontext gesetzt (siehe hierzu folgendes Beispiel) Auskunft über einen Sachverhalt geben. In einem marketingbezogenen Kontext benötigen wir Daten aus drei Gründen:

1. Daten sind die Grundlage für jegliche Marketingmaßnahmen. Ohne Daten kann kein Werbebrief geschrieben und kein Empfehlungssystem gestaltet werden.
2. Daten bilden die Basis für Analysen, über welche Aussagen zur Wirksamkeit der ergriffenen Maßnahmen getroffen werden können.
3. Daten sind die Voraussetzung für Reportings, die einen Bedarfsträger über durchgeführte Maßnahmen und deren Wirksamkeit informieren.

Die Digitalisierung und die daraus resultierenden niedrigen Einstiegshürden ermöglichen heute fast jedermann den Zugang zu Daten und deren Verarbeitung. Durch die Digitalisierung können Daten einfach erhoben, gespeichert, aufbereitet, verarbeitet und übertragen werden.

Beispiel: Relevante Daten für einen Bekleidungsshop

Der Bekleidungsshop unterscheidet zwischen Offline- und Online-Daten. Offline-Daten werden bei jedem Kauf im Ladenlokal generiert: Auf dem Kassenbon sind das Datum, die gekauften Produkte, deren Menge und Preis sowie die Gesamtsumme ausgewiesen. Diese Daten können allerdings nicht ohne Weiteres einer spezifischen Person zugeordnet werden. Selbst wenn diese Person öfter im Ladenlokal einkaufen würde, auf der Datenebene handelt es sich um verschiedene Personen.

Nutzt die Person jedoch eine Kundenkarte, dann können dieser Person im Zeitablauf gekaufte Produkte und Mengen zugeordnet werden.

Ähnlich verhält es sich im Online-Shop: Ein Nutzer kann entweder als „Gast" einkaufen oder sich ein Nutzerkonto anlegen. Nur in letzterem Fall können die Käufe einer spezifischen Person zugeordnet werden.

Das Beispiel zeigt sehr gut die Bedeutung des Kontextes auf: Für sich alleine betrachtet, sagen die Bons lediglich etwas über Umsätze aus. Erst, wenn sie durch die Zuordnung zu einer Person in einen Kontext gesetzt werden, entsteht ein echter Mehrwert für das Unternehmen. ◀

Eine der wesentlichen Herausforderungen im datengetriebenen Marketing ist es, Daten unabhängig von ihrem Umfang, ihrer Quelle oder ihrem Format in „relevant" und „nicht relevant" zu unterscheiden. Damit werden der Inhalt und die Aussage von Daten zum entscheidenden Kriterium. Um aber relevante von irrelevanten Daten zu unterscheiden, bedarf es der Beobachtung, Zusammenführung und der Interpretation. Begleitend zu diesem Prozess findet ein kontinuierliches Lernen statt.

2.2 Wie können wir Daten differenzieren?

Daten können hinsichtlich einer Reihe von Kriterien unterschieden werden. Eine erste Differenzierung unterscheidet zwischen quantitativen Daten (z. B. Preis eines Produktes oder Größe eines Kleidungsstückes) sowie qualitativen Daten (z. B. schriftliche Produktbewertung). Weiterhin kann zwischen real erhobenen Daten (z. B. Adresse eines Kunden) und errechneten Daten (z. B. Deckungsbeitrag für Kunde A pro Jahr) differenziert werden. Aus einem anderen Blickwinkel heraus betrachtet, kann eine Differenzierung zwischen Klartextdaten und Nicht-Klartextdaten vorgenommen werden.

Ein vierter Ansatz differenziert zwischen personenbezogenen, pseudonymisierten und anonymisierten Daten:

- **Personenbezogene Daten:** Personenbezogene Daten beziehen sich auf eine identifizierte oder eine identifizierbare natürliche Person.[1] Dies umfasst sowohl Daten, die direkt einer Person zuzuordnen sind (z. B. ein Datensatz mit Name und Adresse) als auch Daten, über die auf Umwegen Rückschlüsse auf eine natürliche Person gezogen werden können (z. B. Zusammenführung von einzelnen Daten aus unterschiedlichen Dateien, die einen vollständigen Adressdatensatz ergeben).

[1]Vgl. Art. 4 Ziff. 1 DS-GVO.

- **Anonymisierte Daten:** Anonymisierte Daten können nicht einer natürlichen Person zugeordnet werden. Dabei kann es sich um Daten handeln, die entweder schon bei der Erhebung keinen Bezug zu einer natürlichen Person aufwiesen oder bei denen der Bezug nachträglich eliminiert wurde.
- **Pseudonymisierte Daten:** Hierbei handelt es sich um Daten, die ein Bearbeiter nicht mehr einer natürlichen Person zuordnen kann. Es bestehen jedoch Zuordnungsregeln, sodass grundsätzlich für Dritte eine Re-Identifizierung möglich ist (wenn z. B. bei einem Adressdatensatz die Namen durch laufende Nummern ersetzt werden). Die Zuordnung der Nummern zu Namen wird in einer separaten Datei gespeichert. Der Bearbeiter erhält nur die Datei mit den laufenden Nummern. Dadurch kann der Bearbeiter keinen Personenbezug herstellen. Jedoch kann eine dritte Person, die beide Dateien und die Zuordnungsregel besitzt, den Personenbezug wiederherstellen.

Letztendlich besteht der Unterschied zwischen anonymisierten und pseudonymisierten Daten also darin, dass bei pseudonymisierten Daten ein Bearbeiter keinen Personenbezug herstellen kann, Dritte jedoch durchaus. Bei anonymisierten Daten ist für niemanden eine Zuordnung zu einer natürlichen Person möglich.

Schließlich kann auch zwischen „normalen" Daten und Big Data differenziert werden. Von Big Data wird, wie der Name impliziert, gesprochen, wenn die Datenmengen so groß sind (= Volume), dass sich die Daten einer Auswertung mit herkömmlichen Methoden und Instrumenten entziehen. Weitere Merkmale von Big Data sind die Entstehung mit einer hohen Geschwindigkeit und der Umstand, dass Big Data aus einer Vielzahl unterschiedlicher Datenquellen stammen. „Normale" Daten entstehen z. B. bei der Auswertung von Webseiten, Big Data hingegen entstehen bei der Zusammenführung von Daten aus unterschiedlichen Quellen. Für Unternehmen ist nun relevant, wann normale Daten und wann Big Data genutzt werden sollen oder genutzt werden müssen. Hierzu gilt es, sich klarzumachen, welche Fragen überhaupt beantwortet werden sollen. Nicht immer sind dazu Big Data notwendig, denn deren Analyse geht mit einem höheren Aufwand einher.

2.3 Welche Daten aus welchen Quellen können genutzt werden?

Für das Marketing sind unterschiedliche Daten von Relevanz. Die granularsten Daten erhält ein Unternehmen aus dem digitalen Bereich, da die komplette Customer Journey messbar ist und somit aktiv Daten generiert. Die Webseite stellt dabei einen wichtigen Aspekt dar: Denn über sie können nicht nur Daten über Webanalyse-Tools gewonnen werden, sondern eine Webseite benötigt auch Daten – z. B. für die Personalisierung. Bei der Datennutzung werden drei Arten von Daten unterschieden:

1. **1st-Party-Daten:** Dies sind Daten, die ein Unternehmen selbst besitzt, bspw. CRM-Daten oder Bewegungsdaten von der eigenen Webseite.
2. **2nd-Party-Daten:** Als 2nd Party-Daten werden Daten bezeichnet, die ein Unternehmen von Dritten bezieht. Dritte sind etwa Marketingpartner wie bspw. Publisher. Auf Basis dieser Daten hat das Unternehmen durch entsprechende Vereinbarungen Zugriff.
3. **3rd-Party-Daten:** Solche Daten werden von professionellen Datenanbietern durch diverse Methoden gesammelt, in der Regel über Marktplätze angeboten und von Werbetreibenden für Kampagnen eingekauft.

Bei der Sammlung von Daten sollten sich Unternehmen am Omnichannel-Gedanken orientieren und über alle Kanäle hinweg Daten erheben. Unterschieden werden kann zwischen internen und externen Daten. Eine mögliche Quelle für interne Daten stellt der Betriebsablauf des Unternehmens dar. Während des Tagesgeschäftes können Daten über die Kunden des Unternehmens, aber auch über andere Akteure wie z. B. Lieferanten oder Partnerunternehmen aus Prozessen gewonnen werden. Konkret entstehen diese Daten z. B. aus einem Besuch der Webseite durch einen Kunden (z. B. Besuchsdauern, besuchte Seiten, geklickte Anzeigen, Cookies ...) oder aus Transaktionen (z. B. demografische Daten, Einkaufsverhalten ...). Diese Daten entstehen aber nicht nur online, sondern auch offline, wie z. B. Kassenbons oder durch die Historie einer postalischen Kommunikation mit dem Kunden.

Eine Datenquelle für externe Daten stellen das Internet und soziale Medien dar. Die Daten entstehen dabei nicht durch Interaktionen mit dem eigenen Unternehmen. Vielmehr sind diese Daten öffentlich von jedermann einsehbar und können manuell oder durch geeignete Tools gesammelt, aufbereitet und ausgewertet werden. Aus diesen Daten können bspw. Informationen zur Einschätzung eigener Produkte oder der Produkte der Konkurrenz sowie zu Trends und Entwicklungen gewonnen werden. Konkrete Quellen sind u. a. Social-Media-Profile, Bewertungsseiten, Foren, Blogs etc. Wie bereits ausgeführt, stellen von anderen Unternehmen erworbene Daten (Second- und Third-Party-Daten) eine weitere Datenquelle dar. Umfang und Inhalt richten sich dabei nach dem Bedarf des einkaufenden Unternehmens.

2.4 Mehr Daten, mehr Wissen?

Doch auch wenn Unmengen an Daten generiert werden, so bedeuten mehr Daten nicht automatisch auch mehr Wissen. Das Bewusstsein für den Mehrwert, der durch das Treffen von Entscheidungen auf Basis fundierter Daten entsteht, muss sich erst noch durchsetzen – und auch das Verständnis, dass es fahrlässig ist, eine Entscheidung auf Basis von Vorahnung oder grober Vermutung zu tätigen.

Entscheidungen stärker datenfundiert zu treffen, kann eine Reihe unterschiedlicher Ursachen haben: Zum Beispiel dass die Eigenkapitalgeber eine höhere Rendite fordern oder dass Entscheider eine höhere Sicherheit in ihrem Tun haben wollen. Auch eine im Branchenvergleich unterschiedliche Performance des Unternehmens kann einen Trigger zur (stärkeren) Auseinandersetzung mit einem datengetriebenen Marketing darstellen.

Zugegeben, das Treffen datenbasierter Entscheidungen ist nur ein Baustein, um den drei skizzierten Anforderungen gerecht zu werden. Fest steht aber: Wer jetzt nicht in die Sammlung und die Auswertung von Daten investiert, wird später im Wettbewerb das Nachsehen haben. So kommt eine Untersuchung des McKinsey Global Institute zu dem Ergebnis, dass Unternehmen, die konsequent auf Daten setzen, nicht nur eine 23-mal so hohe Wahrscheinlichkeit aufweisen, einen neuen Kunden zu gewinnen und über eine sechsmal so hohe Wahrscheinlichkeit verfügen, diesen auch zu binden, sondern auch eine um den Faktor 19 höhere Wahrscheinlichkeit besitzen, Gewinne zu erwirtschaften (vgl. Forbes 2016).

2.5 Wie entstehen Datensilos und wie gehen wir damit um?

Eine wesentliche Herausforderung für die Datenqualität sind Silos im Unternehmen. Datensilos entstehen, wenn die einzelnen Bereiche eines Unternehmens über eigene Datensammlungen verfügen. Datensilos können absichtlich[2] oder unabsichtlich gebildet werden. Unabsichtlich entstehen sie unter anderem dadurch, dass Kunden an verschiedenen Touchpoints mit dem Unternehmen in Kontakt kommen. An den jeweiligen Touchpoints entstehen unterschiedliche

[2]Datensilos sind an sich nichts Schlechtes. In bestimmten Kontexten sind sie sogar notwendig und werden absichtlich geschaffen, bspw. um dem Datenschutz gerecht zu werden.

Daten zu demselben Kunden. Da Geschäftsbereiche oder Abteilungen mit unterschiedlichen Tools arbeiten, werden diese Daten nicht zentral gespeichert, sondern in verschiedenen Programmen oder Datenbanken, auf die nur bestimmte Nutzergruppen Zugriff haben. Auch innerhalb eines Bereiches können unterschiedliche Instrumente verwendet werden, wenn z. B. ein Team ein spezielles Tool nur für den Versand von Newslettern nutzt und darin Daten speichert (z. B. bei Abmeldungen vom Newsletter). Häufig wird nur innerhalb dieses Systems gearbeitet, d. h., die Daten werden nie aus dem Tool exportiert und mit den Daten anderer Nutzer (bereichsintern oder bereichsübergreifend) zusammengefügt. Dies wäre aber im Newsletter-Beispiel wichtig: Denn die Information, dass sich ein Kunde vom Newsletter abmeldet, könnte ein Hinweis auf eine Kundenabwanderung sein. Und diese Information sollte auch anderen Teams zur Verfügung stehen (z. B. Customer Retention).

In der Praxis aber zeigt sich das Silo-Problem sowohl bei etablierten Unternehmen als auch bei jungen Unternehmen. Bei etablierten Lösungen sind Silos häufig aus dem Umstand heraus entstanden, dass der Online-Bereich in der Vergangenheit strukturell neben dem Offline-Bereich entstanden ist und zunächst eigene Lösungen nutzte (Insellösungen). Bei jungen Unternehmen sind Daten-Silos in vielen Fällen eine Folge des schnellen Wachstums, d. h., die einzelnen Bereiche haben schnell eigene Lösung gesucht, um zügig handlungsfähig zu sein. Dabei wurde aber nur der eigene Bereich betrachtet, das Gesamtbild wurde nicht berücksichtigt.

In der Theorie kann dieses Silo-Problem – unabhängig davon, wie es entstanden ist – leicht behoben werden:

- Aufbauorganisatorisch durch eine Umstrukturierung der Bereiche. Konkret heißt das, die Datenbesitzer strukturell in ein Arbeitsteam zusammenzufassen.
- Ablauforganisatorisch durch die Etablierung bereichsübergreifender Prozesse. Ein Beispiel hierfür wäre die Durchführung regelmäßiger Meetings zwischen den Datenbesitzern, um einen Abgleich der Daten vornehmen zu können.
- Technisch bestehen zwei Varianten, nämlich entweder die Implementierung nur einer einzigen Lösung, die die zuvor in den Silos genutzten Lösungen ersetzt, oder aber die Zusammenführung der in den Silo-Lösungen gespeicherten Daten in ein drittes Tool.

Mit dem Auflösen oder der Vermeidung von Silos können Daten zusammengeführt und die Qualität der Daten sichergestellt werden. Weiterhin können Kunden aus unterschiedlichen Perspektiven (z. B. Online- und Offlineverhalten) betrachtet und damit besser verstanden werden. Dies stellt auch die Voraussetzung dar, dass Kunden über alle Touchpoints hinweg konsequent angesprochen werden.

Beispiel: Effekt und Auflösung von Datensilos

Unser Bekleidungsshop ist vor zehn Jahren in den Online-Handel eingestiegen und hat einen eigenen Bereich dafür aufgebaut. Dies führt zu einer Reihe von Problemen, wie das folgende Beispiel zeigt: Ein Kunde mit einem Kundenkonto kauft über die Webseite ausschließlich reduzierte Bekleidung, klickt häufig auf „Sale"-Banner und tätigt auch hierüber Käufe. Insofern liegt der Schluss nahe, dass es sich um einen Schnäppchenjäger handelt, der ausschließlich durch niedrige Preise und besondere Angebote angesprochen werden kann. Allerdings zeigt der gleiche Kunde im stationären Handel ein vollkommen anderes Verhalten und kauft auch qualitativ hochwertige, nicht reduzierte Ware ein. Dieses widersprüchliche Verhalten der Person würde aber nicht erkannt werden, wenn nur die Online- oder nur die Offline-Daten ausgewertet werden würden.

Da der Online- und Offlinebereich aber mit unterschiedlichen Systemen arbeiten, die sehr spezifisch sind und deren Funktionen nicht durch eine gemeinsame Lösung abgedeckt sind, hat man sich dazu entschieden, die Daten aus dem Online- und dem Offlinebereich in einer weiteren Lösung zu konsolidieren, auf die beide Bereiche – unter Einhaltung der datenschutzbezogenen Auflagen – Zugriff haben. ◀

Um aber ein ganzheitliches Bild des Kunden aufbauen zu können, bietet sich die Erstellung eines Use Cases an. Darauf aufbauend können wir die Frage beantworten, welche Daten zur Erarbeitung eines Customer Profiles notwendig sind. In SteerCo-Meetings (Meeting des Steering Comitees – Lenkungsausschuss) kann in der Folge ein Abgleich des Informationsbedarfs stattfinden: Welche Daten sind erforderlich und wer hat diese Daten? Für das angeführte Beispiel können folgende Daten hilfreich sein:

- Surfverhalten des Nutzers auf der Seite,
- Kaufverhalten des Nutzers (online und offline),
- Ausgespielte Werbung (bezahlte Werbung, nicht bezahlte Werbung, Newsletter, Facebook-Werbung, Google-Anzeigen …).

Basierend auf diesen Daten können wir ein Customer-Mapping durchführen und entscheiden, welche Daten für uns den größten Mehrwert liefern.

2.6 Welche Kriterien sind bei der Technologiewahl relevant?

Die Auswahl einer Technologie stellt eine zentrale Entscheidung dar. Hierbei müssen wir zunächst entscheiden, ob intern eine Lösung entwickelt oder ob auf eine bereits vorhandene, externe Lösung zurückgegriffen werden soll.

Entscheiden wir uns für einen externen Anbieter, so kann einerseits ein Bewertungskatalog aus der Theorie abgeleitet werden (= Lastenheft), gegen den wir die infrage kommenden Tools prüfen können. Andererseits können uns auch Dienstleister bei der Suche nach dem richtigen Tool unterstützen. So führt z. B. das Beratungsunternehmen Gartner regelmäßig Analysen zu Technologieanbietern durch (= Gartner Magic Quadrant) (vgl. Gartner 2020a). Weiterhin können auch Peer Reviews bei der Auswahl einer Software helfen (vgl. Gartner 2020b).

Leichter ist die Frage nach der passenden Technologie zu beantworten, wenn unser Unternehmen im Vorfeld Zielsetzung, Strategie sowie Datenschutz und Datensicherheit klar definiert hat. Abgeleitet aus diesen Rahmenbedingungen können wir einen Anforderungskatalog erstellen, anhand dessen die für unser Unternehmen optimale Technologie bestimmt werden kann. Die wichtigsten Anforderungen an ein Tool sind meiner Erfahrung nach:

- **Reputation und Standort:** Die Reputation des Toolanbieters und der Serverstandort sind wichtige Entscheidungskriterien bei Projekten mit sensiblen Daten, gerade in Bezug auf die Datenschutzbestimmungen innerhalb der EU. Außerdem ist die Möglichkeit eines dedizierten Supports während des Projekts ein wichtiger Faktor.
- **Datenerhebung und -speicherung:** Bei der Erhebung und der Speicherung sind sowohl das Format, in dem die Daten erhoben und gespeichert werden, als auch der Ort der Speicherung wichtige Faktoren. Sichergestellt werden muss, dass in der Folge auf die Daten zugegriffen werden kann und diese in den benötigten Formaten exportiert werden können.
- **Integration von Drittanbieterdaten:** Es ist wichtig, dass die Anbieter verschiedene Drittanbieterdaten auf der Plattform integrieren und deren Tools über einen Marktplatz erworben werden können.
- **Kundensegmentierung:** Bei der Kundensegmentierung werden anonyme Kunden identifiziert und einem definierten Segment zugeordnet. Die Segmentzuordnung kann regelbasiert oder auf Basis komplexer statistischer Methoden erfolgen.

- **Distribution von Segmenten:** Diese Anforderung beschreibt die Fähigkeit der DMP, die Segmente in andere, externe Systeme zu exportieren. Hierbei kommt es maßgeblich auf deren Schnittstellen und Echtzeitfähigkeit an.
- **Berichterstattung und Analyse:** Diese Anforderung zeigt die vorhandenen Reporting- und Analysefunktionalitäten der DMP auf.

Auf Grundlage des vorbereiteten Anforderungskatalogs können die in die engere Auswahl gekommenen Dienstleister evaluiert werden, sodass ein Bewertungssystem für jede Technologielösung erstellt werden kann. Dadurch können Unternehmen gewährleisten, dass eine objektive Evaluierung der möglichen Szenarien stattfindet. Allerdings ist festzustellen, dass es sehr schwer ist, sich einen umfassenden Überblick über den Markt zu verschaffen. Aus diesem Grund sollten Experten zurate gezogen werden, die die Auswahl an Tools im Vorfeld anhand der erarbeiteten Anforderungen eingrenzen können.

2.7 Welche Rahmenbedingungen müssen wir beachten?

Bei der Datenerhebung und der Arbeit mit Daten müssen zwingend rechtliche Auflagen berücksichtigt werden. Damit einher geht, dass Unternehmen Prozesse und Lösungen finden, die aufzeigen, dass den rechtlichen Bestimmungen entsprochen wird. Im Zentrum stehen dabei häufig folgende Fragestellungen, die die Verantwortung des Unternehmens im Umgang mit Daten deutlich sichtbar machen:

- Warum verarbeiten wir Daten?
- Wie verarbeiten wir Daten?
- Mit welcher rechtlichen Grundlage verarbeiten wir die Daten?
- Wie sicher sind unsere Verarbeitungswege?
- Dürfen wir die Daten überhaupt verarbeiten?
- Auf welchem Weg gibt uns der Nutzer, sofern nötig und notwendig, seine Einwilligung?

Aktuelle Themen mit besonderer Relevanz für Unternehmen sind im Online-Marketing bspw. die Datenschutz-Grundverordnung (DSGVO) und die damit in Verbindung stehenden Themen wie eprivacy und Consent Management (Einholen von Einwilligungen). So zwingt z. B. die DSGVO dazu, auf 3rd-Party-Cookies, d. h. Cookies, die nicht von der Webseite selbst, sondern von einem Dritten gesetzt werden, weitestgehend zu verzichten und so viel wie möglich über 1st-Party-Cookies oder Technologien zu lösen. Damit darf ein Webseitenbetreiber die Daten zwar für sich selbst erheben und verarbeiten, aber nicht an Dritte weitergeben. Aufgabe des Unternehmens ist es in diesem Kontext, auf solche Entwicklungen zu reagieren und bspw. die eigenen Technologien darauf auszurichten. Allerdings sollte der Marketer immer den zur Erhebung notwendigen Aufwand im Blick haben und ggf. auf eine Erhebung verzichten.

Abschließend zu diesem Kapitel gilt es festzuhalten, dass nicht zu jedem Sachverhalt valide Daten erhoben werden können. Oftmals fehlen die Daten vollständig, in anderen Fällen liegen sie nur bruchstückhaft vor. Es liegt also eine gewisse Unsicherheit vor, wenn in dieser Situation eine Entscheidung getroffen werden muss. Es ist aber auch nicht immer notwendig, über vollständige Information zu verfügen. Aber bevor wir diese (unvollständigen) Daten ignorieren und gar nichts wissen, ist es besser, sie zu nutzen und sich zumindest einen Überblick und einen groben Anhaltspunkt zu verschaffen.

2.8 Leitfragen für Collect

- Welche Fragen sollen durch Daten beantwortet werden?
- Wie schnell sollen die Fragen beantwortet werden?
- Welche Daten brauchen wir, um diese Fragen zeitgerecht zu beantworten?
- Welche Quellen stehen uns zur Beantwortung der Fragen zur Verfügung?
- Welche der relevanten Daten stehen uns bereits zur Verfügung? Wie stehen die Daten zur Verfügung (Format, Form, Echtzeit oder Neartime, API)?
- Haben wir bereits Zugriff auf die Daten (z. B. Zugriff aus rechtlicher Sicht)?
- Haben diejenigen Personen/Bereiche, die Zugriff haben sollten, auch tatsächlich die Möglichkeit zum Datenabruf?
- Sind vertragliche Themen geklärt (z. B. rechtliches Einverständnis zur Erhebung der Daten)?
- Sind die Daten bereits auf Vollständigkeit und Korrektheit überprüft?
- Falls Daten aktuell nicht vorliegen: Wie schnell bekommen wir die Daten?

3 Understand – Die gesammelten Daten verstehen

„Es ist besser, ungefähr richtig zu liegen als präzise falsch."
(John Maynard Keynes, brit. Ökonom, 1883–1946).

Nachdem wir im ersten Schritt Daten aus unterschiedlichen Quellen gesammelt haben, geht es in einem zweiten Schritt darum, diese Daten zu verstehen. Verstehen heißt dabei zum einen nachvollziehen zu können, wie die Daten zustande gekommen sind, wie die einzelnen Daten sich gegenseitig beeinflussen, was die wichtigsten Treiber sind und vor allem nachzuvollziehen, was die Daten in ihrem jeweiligen Kontext aussagen. Verstehen bedeutet zum anderen auch, die Analyseergebnisse erfassen zu können und zu wissen, was z. B. eine bestimmte, sehr stark verdichtete Kennzahl konkret aussagt.

In diesem Kapitel setzen wir uns damit auseinander,

- aus welchen Gründen ein Verstehen wichtig ist und welche kognitiven Fähigkeiten ein Analyst braucht, um Daten zu verstehen,
- welche technischen Maßnahmen die Voraussetzung darstellen, um Daten verstehen zu können,
- welche einfachen Maßnahmen es gibt, um sich selbst Daten zu erschließen,
- wie wir mit den gesammelten Daten weiterarbeiten können, um aussagekräftige Analysen zu erstellen.

J. Rashedi, *Datengetriebenes Marketing*, essentials,
https://doi.org/10.1007/978-3-658-30842-1_3

3.1 Warum ist ein Verstehen zentral?

Einer der wichtigsten Aspekte für Entscheidungsträger in Unternehmen ist es, den Kontext sowie die Konsequenzen von Entscheidungen zu verstehen. Im Kern geht es also um die richtige Interpretation von Daten, um dadurch einen Mehrwert für das Unternehmen zu schaffen, indem bspw. bisher nicht genutztes Potenzial realisiert wird oder Kosten reduziert werden.

Grob fahrlässig wäre es, Entscheidungen einzig und allein auf Basis einer Vorahnung oder einer groben Vermutung zu treffen. Dies trifft insbesondere auf den Online-Bereich zu, in dem die Granularität der Daten stark zugenommen hat: War es vor wenigen Jahren noch vollkommen ausreichend, sich über den Status quo mittels Dashboards einen Überblick zu verschaffen, führt das Analysieren einzelner Treiber heutzutage zu zielgerichteteren und effektiveren Ergebnissen. Dies ist u. a. darauf zurückzuführen, dass heutzutage deutlich mehr Daten zur Verfügung stehen. Konkret heißt dies, dass wir viel besser analysieren können, wie ein Ergebniswert zustande gekommen ist und welche Ursachen hierfür verantwortlich sind. Für das Marketing bedeutet das wiederum, dass entlang der kompletten Customer Journey mehr Daten erzeugt und auch genutzt werden können. Dabei kommt es insbesondere darauf an, die erhobenen Daten später aktivieren zu können, d. h. einen Mehrwert herauszuziehen.

Beispiel: Warum ein Verstehen wichtig ist

Der Marketingchef des Bekleidungsunternehmens möchte gerne am Anfang des Jahres entscheiden, wie er sein Budget auf die einzelnen Kanäle verteilen soll. Als Entscheidungskriterium nutzt er den Umsatz je Kanal, d. h. Kanäle mit einem höheren Anteil am Gesamtumsatz erhalten auch mehr Budget. Dazu sieht er sich die Kanal-Attribution, d. h. die Verteilung der Verkäufe und Umsätze je Kanal, an. Standardmäßig wird dies auf „Last click" reportet. Das bedeutet, dass derjenige Kanal den Verkauf zugeschrieben bekommt, auf dem der Kunde seinen letzten Kontakt hatte. Auf dieser Basis und unter Berücksichtigung der Reports, die er immer von seinen Mitarbeitern erhält, kommt der Marketingchef zu dem Schluss, das gesamte Budget in Google Ads zu investieren. Ein Mitarbeiter macht ihn aber darauf aufmerksam, dass dies nicht unbedingt die richtige Entscheidung sei: Wenn man sich z. B. die Zuordnung anders anschaut und den Verkauf gleichmäßig auf die Kanäle, die zum Kauf geführt haben, aufteilt, entsteht ein vollkommen anderes Bild. Dann wird ersichtlich, dass die Anzahl der Klicks auf die Google-Ads-Anzeigen und der Verkäufe immer dann hoch war, wenn das Unternehmen Kundenmailings per

Post verschickt hat. Damit entsteht ein ganz anderes Bild, nämlich, dass auch das Mailing sehr wichtig ist. Würde das Mailing depriorisiert und das gesamte Budget in Google Ads investiert, wäre vermutlich nach einigen Wochen oder Monaten ein deutlicher Umsatzrückgang zu erkennen. ◀

Und hier liegt meines Erachtens auch der große Unterschied zwischen datengetriebenem Marketing und Marktforschung: In der Marktforschung wird mit Modellen gearbeitet, die auf Basis von empirischen Untersuchungen oder theoretischen Überlegungen erzeugt worden sind und den Anspruch einer Allgemeingültigkeit haben. Für die Anwendung in einer konkreten Situation sind diese Modelle aber zu interpretieren. Anders das datengetriebene Marketing: Hier werden genaue Daten erzeugt, auf deren Basis Entscheidungen getroffen oder diese ihrem Nutzzweck (Datenaktivierung) wieder zugeführt werden können.

3.2 Welche Voraussetzungen brauchen wir, um verstehen zu können?

Um datengetriebene Entscheidungen treffen zu können, sind sowohl menschliche als auch technische Voraussetzungen notwendig. Die technischen Voraussetzungen sind gleichzusetzen mit dem Reifegrad des Unternehmens und beziehen sich z. B. auf die zur Verfügung stehenden Tools. In Verbindung mit den analytischen Fähigkeiten eines Menschen können dann datengetriebene Entscheidungen getroffen werden.

Technische Voraussetzungen

Viele Projekte haben mir bereits gezeigt, dass in Traditionsunternehmen tendenziell weniger in die technischen Voraussetzungen investiert wird. Ursache hierfür ist, dass zum einen der Benefit von Investitionen oft schwer messbar ist und zum anderen die Angst besteht, von der Technik ersetzt zu werden.

Ein gutes Beispiel zur Darstellung der technischen Voraussetzung und deren Wirkung ist ein einfaches Blatt Papier: Versuchen wir, uns fünf unterschiedliche Zahlen zu merken und von diesen den Mittelwert zu bilden. Im Kopf geht diese Rechnung sehr schwer. Mit einem simplen Blatt Papier und einem Stift schaffen Sie sich ganz andere Voraussetzungen.

Stift und Papier müssen, im übertragenen Sinne, auch im Unternehmen beschaffen werden. Dadurch wird die Voraussetzung zur Verarbeitung der zur Verfügung stehenden Datenmengen geschaffen. Auch an dieser Stelle spielen das Thema Insel-/Silolösungen sowie gemeinsame, bereichsübergreifende Lösungen eine Rolle. Sofern alle relevanten Businessfragen mit Insellösungen beantwortet werden können und ein ganzheitlicher Blick auf den Kunden nicht relevant ist, können die typischerweise vorhandenen technischen Voraussetzungen ausreichen. Sollte jedoch ein ganzheitlicher Blick auf den Kunden gefordert oder notwendig sein, müssen die bereits in Abschn. 2.5 beschriebenen Strukturen und Prozesse geschaffen werden (Aufbrechen von Silos).

Analytische Voraussetzungen
Die analytischen Voraussetzungen beziehen sich auf den Menschen selbst. Als Führungskraft stelle ich sehr gerne innerhalb des Bewerbungsprozess sogenannte Brainteaser. Diese zeigen mir zusätzlich zu den auf anderem Weg abgefragten menschlichen Werten, ob die Person in mein Team passt. Über die Brainteaser kann ich nämlich z. B. feststellen, ob die Person eine Vorstellung davon hat, wie Daten entstehen.

Analytische Voraussetzungen sollten auch bei den Personen vorhanden sein, die Entscheidungen vorbereiten oder aber die Entscheidungen selbst treffen. Auch ist es für einen Entscheider erforderlich zu wissen, wie Daten entstehen und verarbeitet werden, um Daten richtig „lesen" und interpretieren zu können.

Um eine Analyse umsetzen zu können, werden aus meiner Sicht folgende weitere Fähigkeiten benötigt:

- Problemverstehen, d. h. kognitiv erfassen zu können, welche Herausforderung oder Aufgabe es zu lösen gilt,
- Zerlegen des Problems in Bestandteile, da Probleme häufig sehr kompliziert oder gar komplex sind,
- Strukturierung der Teilaspekte und Finden von Lösungen für diese Teilaspekte,
- Betrachten der Wechselwirkungen zwischen den Teil-Lösungen,
- Ableiten einer Strategie und einer Lösung für das Gesamtproblem.

3.3 Wie muss eine technische Aufbereitung aussehen?

Bei der technischen Aufbereitung von Daten spricht man oftmals von sogenannten ETL-Prozessen (Extract-, Transform- und Load-Prozesse, siehe auch die folgende Erläuterung). ETL bedeutet demzufolge, aus den jeweiligen Datenquellen die benötigten Daten zu extrahieren und aufzubereiten. ETL-Prozesse sind notwendig, da Daten in der Regel redundant vorliegen oder vollständig unterschiedliche Strukturen aufweisen. Durch die technische Aufbereitung werden letztendlich die Qualität und die Konsistenz der Daten sichergestellt.

Dieser Prozess wird meistens bei größeren Datenmengen (Big Data) genutzt, da die Aufbereitung bei kleinen Datenmengen/Quellen meist nicht in Relation zum erzielbaren Output steht.

Erläuterung: Was bedeutet ETL?

- **Extract:** Exportieren bzw. Extrahieren von den im Kap. 2 als relevant identifizierten Datenquellen inkl. Datenteilmengen.
- **Transform:** Vereinheitlichung von Datenstrukturen, -formaten und -schemen. Dies ist häufig der Fall, da Daten aus unterschiedlichen Systemen aufgrund unterschiedlicher Strukturen nicht übereinandergelegt werden können. Somit wird in dieser Phase die Formatierung vereinheitlicht und mögliche Fehler wie z. B. gleiche Informationen (Dubletten) werden vermieden. Im Anschluss werden die Daten bei Bedarf wieder aggregiert und in ein Zielformat überführt.
- **Load:** Der letzte Schritt ist das Laden der aufbereiteten Daten in das Zielsystem. Die Daten werden dabei auch physisch in das Zielsystem übertragen.

Je nachdem, ob Online- oder Offline-Daten aufbereitet werden sollen, fallen unterschiedliche Anforderungen im Hinblick auf Geschwindigkeit und Latenz an, da die Daten möglicherweise neartime aktiviert werden müssen.

Mögliche Anwendungsbereiche für ETL-Prozesse sind

- Zusammenführung von Daten aus diversen Quellen,
- Speicherung in ein Data Warehouse (DWH),
- Datenaufbereitung für Business-Intelligence-Anwendungen (BI-Anwendungen) wie z. B. Visualisierung.

3.4 Wie können wir uns Daten erschließen?

Der vielleicht wichtigste Aspekt in Zusammenhang mit Daten ist das Verständnis dieser. In den meisten Fällen ist dabei nicht die Herausforderung, dass der Analyst selbst seine Daten versteht. Vielmehr ist es die Aufgabe des Analysten, der Zielgruppe (also Entscheidern wie Bereichsleitern, Geschäftsführung …) die Daten verständlich zu machen. Damit werden die Aufbereitung und die Präsentation der Daten sowie der Insights zu einer wichtigen Aufgabe des Analysten. Denn nur, wenn die Entscheider die Kernaussagen verstanden haben, können sie diese auch bei der Entscheidungsfindung berücksichtigen.

Das Herausarbeiten der Insights gegenüber Entscheidern ist für viele Analysten jedoch eine Herausforderung. Es fällt sehr schwer, Präsentationen zu erstellen, die nicht eine bloße Aneinanderreihung von Zahlen und Fakten sind und durch ihr Ausmaß den Zuhörer verwirren. Und wie bereits in Kap. 2 festgestellt, nimmt der Umfang an zu Verfügung stehenden Daten zu – und je mehr Daten der Analyst zur Verfügung hat, desto höher ist die Gefahr, dass eine darauf beruhende Präsentation sich in den Zahlen verliert. Selbst wenn eine Zielgruppe die präsentierten Daten intellektuell fassen und verstehen kann, heißt das noch nicht, dass die Zahlen sie auch zum Handeln inspirieren. Ein Verstehen von Daten ist gerade bei Entscheidern sehr wichtig, da tendenziell das Hinterfragen mit der hierarchischen Ebene des Entscheiders abnimmt: Wenn der Entscheider etwas nicht versteht, gibt er sich nicht die Blöße, zu hinterfragen. Im Zweifelsfall entscheidet er sich schlicht und ergreifend gegen eine sinnvolle Lösung, weil er die zugrunde liegende Argumentation nicht nachvollziehen kann und diese deshalb ablehnt.

3.5 Was bedeutet eine Emotionalisierung von Daten?

Wenn Sie als Analyst auf Daten stoßen, die ein sofortiges Handeln erforderlich machen, dann muss diese Dringlichkeit auch bei den Entscheidern ankommen. Sie müssen erreichen, dass die Entscheider nicht nur die Zahlen verstehen, sondern auch den Ernst der Lage erkennen und sich zu einem sofortigen Handeln veranlasst sehen. Deshalb muss eine Präsentation die Entscheider auf einer emotionalen Ebene erreichen.

3.6 Wie können wir ein Verstehen erleichtern?

Menschen können Sachverhalte leichter erfassen, wenn sie sich auf ihnen bekannte Objekte oder Sachverhalte beziehen. Dies gilt insbesondere für das Erfassen und Verstehen von Zahlen. Zahlen sollten immer in Relation zu etwas Vertrautem gesetzt werden. Auf diese Art und Weise muss sich der Analyst, oder auch die Zielgruppe des Analysen (z. B. Bereichsleitung, Geschäftsführung, Vorstand ...), nicht erst den Kopf darüber zerbrechen, wie groß oder klein eine Zahl ist. Vor allem komplexe Zahlen können auf diese Weise sehr viel einfacher erfasst werden. Letztendlich muss der Analyst die zu präsentierenden Zahlen auf einer Skala verorten. Dabei kann ein Bezug zu einer bekannten Größe oder Entfernung, einem bekannten Zeitsegment oder einer Geschwindigkeit erfolgen. Im Folgenden stelle ich Ihnen einige Beispiele vor.

Bezug zu einer vergleichbaren Größe

Daten können mit einer vergleichbaren Größe verbunden werden, z. B. über eine Länge, Höhe, Dicke oder einen Abstand. Dieser Vergleich ist aber nur sinnvoll, wenn der Zielgruppe die vergleichbare Größe bekannt ist. Zum Beispiel: „Würde man alle XY aneinanderlegen, würden sie 1,5-mal um die Erde reichen."

Herstellen eines Zeitbezuges

Eine weitere Möglichkeit ist das Herstellen eines Bezuges über die Zeit. Sie wird in Sekunden, Minuten, Stunden, Tagen etc. gemessen. Dies kann aber mitunter für eine Zielgruppe schwer vorstellbar sein. Ein Zeitbezug kann beispielsweise über Flugzeiten zwischen bekannten Städten, die Dauer der Folge einer bekannten Sitcom oder den Zeitbedarf, bis Nudeln gekocht sind, verglichen werden.

Bezug zu bekannten Objekten

Ein Bezug kann jedoch nicht nur über Größen oder Zeit, sondern auch über bekannte Objekte hergestellt werden. Objekte können bspw. Personen oder Orte sein. Lassen Sie uns von einer Million Benutzer ausgehen, die eine Webseite in einem Zeitraum von einem Monat besucht haben. Um die Zahl von einer Million Personen greifbarer zu machen, kann ein Vergleich mit der Besucherzahl in einem Stadion hergestellt werden. Das Stadion des FC Bayern München kann rund 75.000 Personen aufnehmen (= Summe aus Sitz-, Steh-, Business- und Logenplätzen). Eine Nutzerzahl von einer Million Personen im Monat bedeutet also, dass die Allianz Arena fast 13,5-mal gefüllt werden könnte.

Ein Vergleich funktioniert auch, um Geldsummen zu veranschaulichen: Jeff Bezos ist aktuell mit einem geschätzten Vermögen von rund 130 Mrd. US-Dollar der reichste Mann der Erde.[1] In den USA leben aktuell rund 570.000 Obdachlose. Der Kauf eines Hauses in den USA schlägt mit rund 200.000 US-Dollar zu Buche. Man kann jetzt folgende Rechnung aufmachen: Würde Jeff Bezos jedem obdachlosen US-Amerikaner ein Haus kaufen, dann hätte er immer noch 16 Mrd. US-Dollar oder rund 12 % seines aktuellen Vermögens übrig.

---

[1] Vgl. finanzen.net (2020), o. S.

Die angeführten Vergleiche und Veranschaulichungen können einem Analysten helfen, seiner Zuhörerschaft das Ausmaß einer Chance oder auch eines Risikos zu verdeutlichen und die Entscheidungsträger zu einer Entscheidung zu bewegen.

3.7 Leitfragen für Understand

- Liegen kleine oder große Datenmengen vor?
- Bei kleinen Datenmengen: Wie muss eine Aufbereitung stattfinden (z. B. Excel?)? Sind die dazu notwendigen Voraussetzungen beim Bearbeiter gegeben?
- Bei großen Datenmengen: Welche technischen Voraussetzungen müssen gegeben sein? Welche konkrete Softwarelösungen bzw. Kombinationen von Softwarelösungen benötigen wir? Sind die Daten technisch so aufbereitet, dass sie automatisiert weiterverarbeitet werden können?
- Unabhängig von der Datenmenge: Sind die Daten so aufbereitet, dass sie ein Mensch versteht? Sind die Daten so aufbereitet, dass eine Entscheidung auf Basis dieser Daten getroffen werden kann?

4 Decide – Auf Basis der gesammelten Daten entscheiden

„Wer A sagt, muss nicht B sagen, er kann auch erkennen, dass A falsch war.“
(Bertolt Brecht)

Die dritte Phase „Decide“ bezieht sich auf das Treffen von Entscheidungen. Wir wollen in dieser Phase jedoch nicht nur die Absichtserklärung eines Entscheidungsträgers betrachten, sondern auch darauf eingehen, welchen Beitrag ein Analyst zum Treffen einer guten Entscheidung leisten kann.

In diesem Kapitel setzen wir uns damit auseinander,

- was datengetriebene Entscheidungen von Bauchentscheidungen unterschiedet,
- welche unterschiedlichen Arten von Entscheidungen in einem Unternehmen zu fällen sind,
- über welche Daten ein Entscheider verfügen muss, damit er eine gute Entscheidung treffen kann,
- welche Möglichkeiten bestehen, Daten für einen Entscheider aufzubereiten und zu visualisieren.

4.1 Was unterscheidet eine datengetriebene Entscheidung von einer Bauchentscheidung?

Jeder Manager, jede Person in Führungsverantwortung trifft jeden Tag eine Vielzahl an Entscheidungen. Viele dieser Entscheidungen werden intuitiv oder durch Emotionen oder ein Bauchgefühl beeinflusst. Andere Entscheidungen werden vom Menschen automatisiert getroffen, d. h., er denkt nicht über die

J. Rashedi, *Datengetriebenes Marketing*, essentials,
https://doi.org/10.1007/978-3-658-30842-1_4

Entscheidung nach, sondern trifft sie aus Gewohnheit. Im Marketing wird in diesem Kontext auch von habitualisierten Entscheidungen gesprochen. Bei der Entscheidung für eine Marke beim Kauf von Toilettenpapier handelt es sich in der Regel um eine solche habitualisierte Entscheidung. Die wenigsten Entscheidungen im beruflichen Alltag werden auf Basis von Daten und damit ausgehend von einer fundierten Basis getroffen.

Doch wollen wir ehrlich sein: Auf welcher Grundlage eine Entscheidung getroffen wurde, die sich im Nachhinein als „richtig", „gut" oder „vorteilhaft" herausstellt, ist letztendlich vollkommen egal. Aber: Das Treffen guter Entscheidungen ist eine der zentralen Eigenschaften eines Managers. Heißt also: Trifft ein Manager eine oder mehrere schlechte Entscheidungen, dann ist es besser, sich auf Daten berufen zu können und nicht zugeben zu müssen, eine (leider falsche) Bauchentscheidung getroffen zu haben.

Bauchentscheidung vs. datengetriebene Entscheidung, das klingt wie der eklatante Unterschied zwischen Mr. Spock und Captain Kirk: Mr. Spock, der leidenschafts- und emotionslose Vulkanier, der jede seine Entscheidungen mit seiner Logik fundieren kann. Ganz anders verhält sich Captain Kirk, der sich zwar die Meinung seines 1. Offiziers anhört, ihr aber oft nicht folgt. Seine Entscheidungen trifft er regelmäßig „aus dem Bauch heraus".

Bauchentscheidungen werden intuitiv getroffen, ohne lange nachzudenken, und damit auch sehr schnell. Die menschliche Intuition fußt dabei auf Erfahrungen aus der Vergangenheit und auf Emotionen. Die Entscheidungssituation wird deutlich vereinfacht, indem viele Einflussfaktoren auf die Situation nicht berücksichtigt werden. Wenn ein Mensch bei jeder Entscheidung alle Einflussfaktoren berücksichtigen wollte, wäre er kaum mehr in der Lage, überhaupt eine Entscheidung zu treffen.

Im Gegensatz dazu erfordern datengetriebene Entscheidungen eine umfassende Auseinandersetzung mit der aktuellen Situation. Diese wird durch die zur Verfügung stehenden Daten bestmöglich zu verstehen versucht. Der Entscheider sichtet die Fakten und wägt ab. Ist die Entscheidungssituation gut strukturiert, dann sind Einflussgrößen und deren gegenseitige Abhängigkeiten sowie die wesentlichen Treiber und deren Einfluss auf die Ergebnisgröße bzw. die Ergebnisgrößen bekannt. Der Entscheider kann diese Hypothesen über die Wirklichkeit nachvollziehen, abwägen und dann eine Entscheidung treffen. Für das Treffen datenbasierter Entscheidungen können auch Key Performance Indicators (KPIs) genutzt werden. KPIs stellen eine Aggregation von verschiedenen Treibern dar, die als Schlüsselkennzahlen Auskunft über bestimmte betriebswirtschaftliche Sachverhalte geben. KPIs übersetzen komplexere Sachverhalte also in einen sehr einfachen Indikator. KPIs sind dabei immer unternehmensspezifisch zu betrachten und müssen vor allem im Zeitablauf vergleichbar bleiben.

Doch nicht nur die Entscheidungssituation selbst sowie das Treffen der Entscheidung gestalten sich bei den beiden Varianten unterschiedlich, sondern auch das Nachhalten sowie das Controlling der Entscheidung: Bei der Bauchentscheidung gibt es wenige Möglichkeiten nachzuhalten, denn entweder entwickelt sich die Situation wie vorhergesagt oder eben anders. Bei datengetriebenen Entscheidungen besteht dahingegen die Möglichkeit eines Nachverfolgens und eines Lernens: Ist z. B. ein Treiberbaum mit einer Spitzenkennzahl aufgestellt, so kann der Entscheider sofort eine Tendenz erkennen und feststellen, ob die unterstellten Zusammenhänge stimmen. Sollte dies nicht der Fall sein, so gilt es, das Hypothesengerüst zu modifizieren und zu optimieren. Letztendlich belegen Daten den beschrittenen Weg. Dies funktioniert bei Bauchentscheidungen nicht, hier kann der Entscheider erst sehr viel später erkennen, ob er richtig lag.

4.2 Welche Arten von Entscheidungen werden in Unternehmen getroffen?

Die in einem Unternehmen zu treffenden Entscheidungen lassen sich hinsichtlich einer Reihe von Dimensionen differenzieren. Eine dieser Dimensionen ist die Frage, wer die Entscheidung trifft. Wir wollen an dieser Stelle zwischen drei Ebenen unterscheiden: der Angestelltenebene, dem mittleren Management und der Geschäftsführungs- bzw. Vorstandsebene. Die vom Angestellten zu treffenden Entscheidungen weisen ausschließlich operativen Charakter auf. Oft muss er nur zwischen verschiedenen Alternativen wählen. Die größte Herausforderung auf dieser Ebene ist in der Häufigkeit zu sehen, mit der die verantwortliche Person Entscheidungen treffen muss. Das mittlere Management kann nicht von vordefinierten Alternativen ausgehen, allerdings befinden sich die Lösungen in einem begrenzten Radius. Schwierig gestaltet sich für diese Ebene insbesondere der Umstand, dass die einzelnen Entscheidungen häufig nicht losgelöst voneinander betrachtet werden können und Interdependenzen aufweisen. Und wie sieht es auf der Geschäftsführungs- bzw. Vorstandsebene aus? Die zu treffenden Entscheidungen sind strategischer Natur, d. h., sie wirken langfristig und sind in vielen Fällen auch nur schwer zu revidieren. Umso wichtiger ist es also, „gute" Entscheidungen zu treffen. Konfrontiert sind die Entscheider auf dieser Ebene mit sehr unstrukturierten Entscheidungssituationen und einem hohen Maß an Unsicherheit.

Auch unterscheiden sich die Art und der Umfang an Informationen, die einem Entscheider zur Verfügung stehen. Die Entscheidungen, die eine Abteilungsleitung zu treffen hat, sind in der Regel sehr viel granularer als auf der Ebene des Vorstandes. Damit stehen einem Abteilungsleiter sehr viel mehr Informationen zur Verfügung, er besitzt eine ganz andere Informationstiefe. Aufgabe des Abteilungsleiters ist es nun, die vorhandenen Daten so aufzubereiten, dass die Vorstandsebene eine Entscheidung treffen kann. Dazu nimmt er eine Verdichtung der Informationen vor (z. B. in Form von KPIs), die dann von der Vorstandsebene zur Entscheidung genutzt werden. Der Angestellte muss darüber hinaus sicherstellen, dass die Vorstandsebene den Daten vertraut, auf denen dann die Entscheidung basieren wird.

4.3 Welche Voraussetzungen müssen zum Treffen einer guten Entscheidung gegeben sein?

Ich habe in meiner Laufbahn gelernt, dass das Treffen fundierter Entscheidungen auf drei Voraussetzungen basiert. Aber Achtung:

> Eine fundierte Entscheidung muss nicht zwangsläufig auch eine richtige Entscheidung sein.

Die drei Voraussetzungen zum Treffen einer fundierten Entscheidung sind

- die Daten- bzw. Informationsgrundlage, auf der die Entscheidung basiert,
- die für die Beurteilung der Daten vorhandenen analytischen Fähigkeiten,
- die für das Treffen der Entscheidung zur Verfügung stehende Zeit.

Warum aber tun sich Manager bisweilen schwer, „gute“ Entscheidungen zu treffen, wenn sie bei ihrer Entscheidungsfindung lediglich die drei angeführten Punkte berücksichtigen müssten?

Das Management steht oft „unter Strom“ und Manager haben deshalb nicht die Möglichkeit, alle für das Treffen einer guten Entscheidung notwendigen Daten zu berücksichtigen. Der Kontext, in dem Manager ihre Entscheidungen treffen, macht es also häufig unmöglich, die drei angeführten Aspekte vollumfänglich oder auch nur teilweise zu berücksichtigen – auch wenn dies wünschenswert wäre. Denn gerade die Digitalisierung stellt Manager vor immer größere Herausforderungen, Aufgaben und Entscheidungen (siehe hierzu die folgende Erläuterung).

Erläuterung: Old vs. New Economy
In einem Industrieunternehmen der 1980er Jahre waren die Verantwortlichkeiten der Mitarbeiter und Führungskräfte klar verteilt und abgegrenzt: Es gab einen Schichtleichter in der Produktion, der seinen Bereich steuerte und der für alle Maßnahmen und Vorfälle in seinem Bereich verantwortlich zeichnete. Trat ein Schaden auf, dann betraf dieser nur seinen eigenen Bereich. Und dem Schichtleiter stand auch ein angemessener Zeitrahmen zur Verfügung, um das Problem zu beheben.

In einem modernen Unternehmen gestaltet sich die Situation anders, da das Thema Skalierung eine immer wichtigere Rolle besitzt. Dadurch übernehmen Manager Verantwortung für mehr Bereiche, in denen viele Prozesse oder Teilprozesse automatisiert ablaufen und keine manuelle Kontrolle stattfindet. Dadurch kann es schnell passieren, dass Manager eine viel größere Verantwortung tragen müssen. Hinzu kommt, dass für die von ihnen zu treffenden komplexen Entscheidungen weniger Zeit zur Verfügung steht. Das heißt im Klartext: Es steht weniger Zeit für schwierigere Entscheidungssituationen zur Verfügung und zudem besitzen die Entscheidungen eine höhere Tragweite.

4.4 Welche Rolle spielt der Faktor Zeit bei Entscheidungen?

Die Zeit spielt bei der Entscheidungsfindung insofern eine Rolle, als der Entscheider mehr Daten oder Informationen für die Entscheidungsfindung berücksichtigen kann, wenn er mehr Zeit hat. Je weniger Zeit er hat, desto reaktiver ist der Mensch und umso höher muss der Reifegrad der Technik sein, um auf dem Markt erfolgreich agieren zu können. Das bedeutet aber auch, dass die jeweiligen Entscheidungsgrundlagen für den Entscheider in aggregierter Form vorliegen müssen. Denn fehlt die benötigte Zeit, verlässt sich der Entscheider vermutlich ausschließlich auf seine Intuition, obwohl diese ggf. falsch ist. Besteht also die Möglichkeit, Szenarien der Entscheidungen zeitlich durchzuspielen, lässt sich einfacher eine Entscheidung treffen. Darüber hinaus kann abgeschätzt werden, welche der zur Verfügung stehenden Alternativen die für das Unternehmen vorteilhafteste ist.

4.5 Wie können wir Daten visualisieren?

Ein wichtiger Aspekt, um Verständnis für Daten zu erzeugen, ist deren Visualisierung, also die grafische Repräsentation von Daten. Denn gesammelte Datenberge, die versteckt auf Festplatten liegen, schaffen keinen Mehrwert. Erst Visualisierungen helfen, Handlungsempfehlungen ableiten und Optimierungspotenzial aufdecken zu können. Denn über Visualisierungen kann bzw. können

- die menschliche Fähigkeit zur Aufnahme unterstützt werden, indem gezielt Formen, Farben und Muster genutzt werden,
- Daten leicht verständlich präsentiert werden,
- Trends, Entwicklungen, Ausreißer, Korrelationen zwischen Entwicklungen etc. schneller erkannt werden,
- auch Nicht-Fachleute die Kernaussagen von Daten leichter erkennen.

Eine Visualisierung kann bspw. durch Diagramme, Karten oder Grafiken erfolgen. Mithilfe dieser Visualisierungsformen ist es sehr leicht möglich, sowohl Trends als auch Ausreißer in großen Datenmengen zu erkennen. Werden zusätzlich Farben verwendet, können Kernaussagen noch deutlicher herausgearbeitet werden. Denn der Mensch ist es gewohnt, Daten visuell aufzunehmen.

Eine gute Visualisierung von Daten stellt jedoch einen Balanceakt für den Analysten dar: Er muss immer abwägen zwischen den beiden Dimensionen „Form“ und „Funktion“. So kann bspw. eine einfache Grafik zu wenig Aufmerksamkeit erwecken, um der Zuhörerschaft die für sie wichtigen Informationen zu vermitteln. Andersherum kann eine mühevoll aufbereitete und umfangreiche Grafik auch vollkommen ungeeignet sein, die richtige Botschaft an den Mann oder die Frau zu bringen. Letztendlich muss es dem Analysten gelingen, eine Symbiose zwischen Zahlenmaterial und bildlicher Darstellung zu erreichen.

Generell sollten bei der Visualisierung von Daten sowohl das Vorwissen und der Hintergrund der Adressaten berücksichtigt (Wem präsentiere ich die Daten?) als auch die Daten selbst in einen Kontext gesetzt werden (z. B. Titel für Diagramme nutzen, Einheiten an den Achsen angeben, Hintergrundinformationen ergänzen, sofern verfügbar).

Im besten Fall gelingt es, mit Daten Geschichten zu erzählen. Dazu müssen komplexe Sachverhalte auf einfache Art und Weise repräsentiert werden. Rudyard Kipling, ein britischer Schriftsteller und Dichter, der vor fast 100 Jahren starb, formulierte einst:

„Wenn Geschichte in Form von Geschichten gelehrt würde, würde sie niemals vergessen werden."

Gleiches gilt im Kern auch für Daten: Die Adressaten von Präsentationen erinnern sich leichter an Daten, wenn diese in eine (spannende) Geschichte verpackt sind. Doch wie erzähle ich eine spannende Geschichte?

Unabhängig von den Daten selbst sollte meiner Meinung nach eine Geschichte folgende Handlung aufweisen:

- Hauptdarsteller,
- Problem und
- Happy End.

In unserer Geschichte übernimmt der KPI die Rolle des Hauptdarstellers. Das Problem ist eine Business-Herausforderung und eine Lösung auf Basis dieser Daten das Happy End. Je nach Beziehung zwischen Erzähler (Analyst) und Zuhörer (Entscheider) sollte der Einstieg in die Geschichte die Ausgangssituation beschreiben. Dazu kann bspw. ausgeführt werden, welche Methoden zur Bereinigung angewandt wurden. Als Nächstes sollten mögliche Lösungen aufgezeigt und durch damit einhergehende Vor- und Nachteile untermauert werden. Dadurch entsteht meist schon die Entscheidungsgrundlage, auf deren Basis der Zuhörer selbst das Ende der Geschichte bestimmen kann.

4.6 Daten versus Bauch – oder in der Kombination besser?

Die bisherigen Ausführungen sollen jedoch kein reines Loblied auf durch Daten fundierte Entscheidungen darstellen. Auch bei datenbasierten Entscheidungen können Herausforderungen auftreten. So habe ich z. B. in meiner Laufbahn öfter festgestellt, dass der Begriff KPI stark missinterpretiert wird: So haben wir als externe Berater bei Projekten mehr als einmal Listen mit rund 100 KPIs bekommen, die natürlich alle für das Unternehmen wichtig waren. Diese hohe Anzahl an Indikatoren widerspricht aber dem Grundgedanken der KPIs – zumal das Wort selbst durch den Bestandteil „Schlüssel" bzw. „Key" einen Hinweis darauf gibt, dass nur die allerwichtigsten Indikatoren KPIs sein können.

In manchen Projekten haben wir die Reports auf „null" gesetzt, d. h. alle üblicherweise enthaltenen Kennzahlen und KPIs durch Nullen ersetzt. Dies fiel den Adressaten der Reports in vielen Fällen aber gar nicht auf, da sie so stark mit Reports überschüttet wurden, dass sie nur einen kleinen Teil überhaupt lesen geschweige denn verstehen konnten. Somit wurden zwar Entscheidungen getroffen, aber nicht auf Basis von Reports bzw. Daten. Das heißt im Klartext: Zu viele Daten können genau das Gegenteil vom ursprünglich Beabsichtigten bewirken. Oder etwas überspitzt formuliert: Anstatt die Daten zum Treffen von Entscheidungen zu nutzen, sorgte die Überversorgung mit Daten damit, dass weniger Entscheidungen datenbasiert getroffen worden sind.

Insofern könnte eine Kombination aus Bauchentscheidung und Datenfundierung einen geeigneten Weg darstellen. Wir können also nicht davon ausgehen, dass Entscheidungen nur noch sachlich getroffen werden, da auch dies in einem Desaster enden kann. Am Ende werden, zumindest bis auf Weiteres, immer Menschen entscheiden, somit sind Emotionen oder Gefühle nicht auszuschließen. Aber: Die Grundlage, auf der Entscheidungen getroffen werden, kann erheblich verbessert werden. Konkret heißt das: Daten sind notwendig für eine Entscheidung, da Entscheidungen nicht in einem luftleeren Raum getroffen werden können. Über Daten kann sich der Entscheider ein Bild von der Situation machen, sich informieren. Gleichzeitig sollte er aber beim Treffen der Entscheidung nicht seine Erfahrung, seine Intuition und sein Bauchgefühl außer Acht lassen. Das gilt umso mehr, wenn die zur Verfügung stehenden Daten widersprüchlich sind oder zu viel bzw. zu wenige Daten zur Verfügung stehen. Oder anders ausgedrückt: Wir müssen Mr. Spock und Captain Kirk zu einer besseren, zielorientierten Zusammenarbeit bewegen.

4.7 Leitfragen für Decide

- Wo stehen wir aktuell mit unserem Business? Treffen wir bereits Entscheidungen auf Basis von Daten oder verlassen wir uns noch auf Bauchentscheidungen? Können wir Entscheidungen mit Zahlen belegen?
- Wenn ein Ergebnis gut oder schlecht war, können wir belegen, warum?
- Können wir bereits Prognosen treffen?
- Wie schnell müssen wir Entscheidungen treffen? Liegen die Daten so vor, dass wir ausreichend schnell eine Entscheidung treffen können?
- Was müssen wir tun, um künftig (mehr) auf Daten fundierte Entscheidungen treffen zu können?

Automate – Automatisierung 5

Die grundlegende Fragestellung dieses Kapitels lautet: „Was können wir in welcher Form automatisieren?" Eine Automatisierung ist dabei auf zwei Ebenen zu betrachten: Erstens eine Automatisierung, die bessere Ergebnisse hervorbringt als bisher, also z. B. durch den Einsatz künstlicher Intelligenz (KI). Und zweitens eine Automatisierung bisher manuell ausgeführter Prozesse, um dadurch sowohl die Geschwindigkeit zu erhöhen als auch die Fehlerquote zu reduzieren. In diesem Kapitel setzen wir uns damit auseinander,

- warum eine Automatisierung unumgänglich ist,
- welche Voraussetzungen für eine Automatisierung gegeben sein müssen,
- welche Formen der Automatisierung es gibt,
- welcher Nutzen aus einer Automatisierung resultiert,
- welche Gegenargumente es zu einer Automatisierung gibt,
- welche Gefahren aus einer Digitalisierung resultieren können.

5.1 Warum kommen wir um eine Automatisierung nicht herum?

Eine Automatisierung im Marketing (= Marketing Automation) ist meiner Meinung nach unumgänglich. Denn Daten stellen die Grundlage für das Treffen guter Entscheidungen im Marketing dar. „Gut" bedeutet in diesem Kontext z. B., den Kunden zur richtigen Zeit mit den richtigen Inhalten auf dem richtigen Kanal ansprechen zu können. Um jedoch gute Entscheidungen treffen zu können, muss eine Vielzahl an Daten aus unterschiedlichen Quellen ausgewertet und analysiert werden. Vereinfacht ausgedrückt gilt hierbei: Je mehr Daten uns zur Verfügung

J. Rashedi, *Datengetriebenes Marketing*, essentials,
https://doi.org/10.1007/978-3-658-30842-1_5

stehen, desto bessere Entscheidungen können wir treffen. Allerdings können Datenanalytiker die täglich anfallende Daten- und Informationsmenge nicht mehr alleine mit Stift und Papier oder Excel-Tabellen bewältigen. Konkret heißt das: Selbst der beste Marketing-Manager wird künftig nicht mehr an einer Automatisierung von Abläufen vorbeikommen. Es ist zwingend notwendig, sowohl die Entscheidungsprozesse als auch die Erfolgskontrolle zu automatisieren. Dazu muss im Marketing die unternehmensspezifisch beste Auswahl an Tools zusammengestellt werden und Menschen müssen ausgebildet werden, um mit diesen Instrumenten zu arbeiten. Gegebenenfalls sind standardisierte Tools auch an die spezifischen Bedürfnisse eines Unternehmens anzupassen. Und durch die Automatisierung wird noch ein weiterer Vorteil erreicht: Maschinen sind im Gegensatz zur menschlichen Arbeitskraft besser skalierbar. Wenn also die zu verarbeitende Datenmenge sich verdoppelt, dann kann dies einfacher über Tools abgefangen werden als über die Neueinstellung von Mitarbeitern.

5.2 Welche technischen Voraussetzungen erfordert eine Automatisierung?

Die in Kap. 2 und 3 beschriebenen Tätigkeiten sind die Voraussetzung für die Automatisierung der Big-Data-Lösungen, denn eine solche große Menge an Daten kann nur mit einer vorgegebenen Struktur verarbeitet werden. Ohne eine solche Struktur können keine Lösungen, wie z. B. R oder Python eingesetzt, werden. Diese Lösungen werden zur Verarbeitung großer Datenmengen verwendet. Neben unternehmensindividuellen Lösungen bieten auch im Automatisierungsbereich unterschiedliche Hersteller Lösungen an.

Eine zweite Frage in Zusammenhang mit der Automatisierung ist die nach den zu nutzenden Tools. Denn diese weisen unterschiedliche Entwicklungsstufen und Fortschritte auf. Grob können zwei Vorgehensweisen unterschieden werden. Die erste Variante umfasst die Nutzung von Speziallösungen, d. h. Tools, die spezifisch für ein Unternehmen entwickelt wurden oder zumindest anpassbar sind. So existieren bspw. eigene Lösungen für Branchen, die für die spezifischen Bedürfnisse eines einzelnen Unternehmens justiert werden können. Die zweite Variante umfasst Automatisierungstools, die Standardlösungen für eine Vielzahl an Aufgaben im Marketing und Vertrieb bereitstellen. State-of-the-Art-Lösungen nutzen eine Cloud, um standardisierte Automatisierungslösungen für Unternehmen jedweder Größenordnung bereitzustellen.

5.3 Welchen Mehrwert schafft eine KI im Rahmen der Automatisierung?

Die erste Form der Automatisierung ist darauf ausgerichtet, bisher nicht verwendete Daten zu aktivieren (siehe hierzu symbolische Darstellung in Abb. 5.1), um darauf basierend bessere Erkenntnisse zu gewinnen. Bei dieser Form der Automatisierung kommt KI zum Einsatz. Unter KI wird die Fähigkeit eines Systems verstanden, menschliches Verhalten nachzuahmen. Demzufolge sind auf KI basierende Systeme in der Lage, Aufgaben auszuführen, die bisher von einem Menschen übernommen worden sind. Typische Aufgabe für eine KI ist, Umweltfaktoren und Rahmenbedingungen zu erkennen und darauf basierend Entscheidungen zu treffen, die auf die Erreichung eines bestimmten Ziels ausgerichtet sind. KI stellt gleichzeitig den Oberbegriff für eine Reihe unterschiedlicher Vorgehensweisen dar, menschliches Verhalten nachzuahmen. Hierzu zählt u. a. das Machine Learning. Bei Machine Learning (ML) handelt es sich um Algorithmen, die aus zur Verfügung gestellten Daten lernen und allgemeingültige Regeln ableiten können. Durch die Regeln ist der Algorithmus später in der Lage, neue Daten zu interpretieren und Entscheidungen zu treffen. Die Entscheidungen werden dabei umso besser, je mehr Daten dem System zum Lernen zur Verfügung stehen.

Beim Einsatz der KI im Marketingbereich werden zwei Varianten unterschieden. Bei der ersten Variante ist die KI fester Bestandteil einer Lösung, die ein Unternehmen nutzt, wie z. B. in Google Analytics oder Google Ads. Beide Tools bieten intelligente Auswertungen an, die den Analysten unterstützen. Diese Unterstützung ist schon bei kleinen Webseiten hilfreich, da selbst dort bereits erhebliche Datenmengen anfallen, die ein einzelner Analyst niemals allein auswerten könnte. Meiner Ansicht nach hat z. B. Google Analytics einen guten

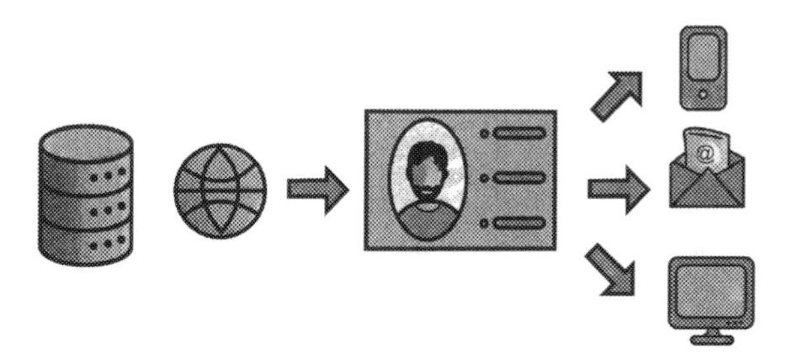

Abb. 5.1 Datenaktivierung über alle Kanäle. (Quelle: eigene Darstellung)

Weg gefunden. Denn mit Analytics Intelligence hat Alphabet eine eigene KI entwickelt, welche die Analysefähigkeiten von Analysten über alle Daten hinweg zu automatisieren vermag. Ein Analyst schaut sich meiner Erfahrung nach immer die für ihn relevanten Treiberbäume an. Eine KI kann aber nun z. B. sehr viel schneller Veränderungen in den Treiberbäumen erkennen als ein Analyst.

Beispiel: Nutzung der KI in Google Analytics

Unser Modeshop nutzt zur Auswertung u. a. das Tool Google Analytics und hat dort einen intelligenten Alert eingestellt. Durch diesen Alert erkennt der Marketingmanager, dass die Anzahl an Suchanfragen nach Socken zugenommen hat. Aufgrund dieser Information würde er zu dem Schluss kommen, zum einen mehr Socken einzukaufen und vorzuhalten (mehr Varianten, mehr Socken pro Variante) und auch mehr Content zu Socken auf die Seite zu stellen.

Zusätzlich nutzt der Marketingmanager aber eine KI, die über den Onlineshop läuft. Diese KI nutzt allerdings nicht nur die Suchanfragen, sondern auch die tatsächlichen Verkäufe. Auch diese KI stellt fest, dass die Nachfrage in der Produktkategorie Socken gestiegen ist. Allerdings betrifft das Umsatzplus nur eine ganz spezifische Kategorie von Socken (Sportsocken mit Kompressionsanteil). Alle Maßnahmen sollten sich also auf diese Kategorie von Socken konzentrieren.

Letztendlich gelangt der Marketingmanager nur durch eine Zusammenführung von zwei durch KIs ausgelöste Alerts zum richtigen Schluss. Er selbst wäre aufgrund der Vielzahl an Daten vermutlich nicht zu diesem Ergebnis gelangt. ◀

KI wird meiner Meinung nach die Analytik demokratisieren: Denn komplexe Vorhersage-Algorithmen und Empfehlungsmaschinen, die bisher lediglich den großen Playern wie Google oder Amazon zur Verfügung standen, können nun gemietet werden.

Bei der zweiten Variante des KI-Einsatzes im datengetriebenen Marketing werden zunächst die zur Verfügung stehenden Daten aus unterschiedlichen Quellen zusammengeführt, z. B. Online- und Offline-Quellen. Dann wird eine KI genutzt, um Zusammenhänge in Daten zu identifizieren und Erkenntnisse zu gewinnen. Die Besonderheit dieser Vorgehensweise ist, dass nicht im Vorfeld Fragen definiert werden, auf die die KI in den Daten nach einer Antwort suchen soll. Vielmehr sucht die KI eigenständig nach Auffälligkeiten z. B. in Form von Mustern.

5.4 Ist Automatisierung noch mehr als KI?

Wie die bisherigen Ausführungen gezeigt haben, kann durch Automatisierung die Ergebnisqualität verbessert werden, da z. B. mehr Daten berücksichtigt werden können oder eine KI Muster erkennt, die ein Mensch niemals identifiziert hätte. Eine zweite Form der Automatisierung zielt nicht darauf ab, bessere Ergebnisse zu erhalten, sondern darauf, häufig wiederkehrende Prozesse künftig nicht mehr von einem Menschen, sondern von einer Maschine ausführen zu lassen. Dadurch kann nicht nur der für die Durchführung notwendige Zeitaufwand reduziert, sondern gleichzeitig können auch menschliche Fehler vermieden werden. Denn es liegt in der Natur des Menschen, Fehler zu machen. Egal, wie intelligent ein Mensch ist, und unabhängig davon, wie viele Leute ihre Köpfe zusammenstecken. Fehler entstehen durch manuelle Prozesse wie bspw. bei der Arbeit mit Excel-Dateien, anderen Dokumenten oder dem Reporting. Aus einzelnen, kleinen Fehlern können aber durch das Reporting und darauf basierend getroffenen Entscheidungen nicht mehr nachvollziehbare Prozesse mit großen Fehlern entstehen. Durch die Automatisierung können diese Fehlerquellen vermieden werden.

Im datengetriebenen Marketing wird die Prozessautomatisierung auch als Marketing Automation bezeichnet. Marketing Automation bedeutet, dass basierend auf den Daten z. B. eines CRM-Systems automatisiert Aktionen ausgeführt werden. So erhält ein Kunde bspw. ein Geburtstagsmailing oder personalisierte Angebote auf Basis seiner Kaufhistorie.

5.5 Wie schaffen wir es, unsere Erkenntnisse automatisiert in Prozesse zu überführen?

Eine dritte Möglichkeit der Automatisierung im datengetriebenen Marketing besteht darin, automatisiert gewonnene Erkenntnisse (z. B. durch den Einsatz einer KI auf zusammengeführten Daten) automatisiert in Prozesse zu überführen.

Nehmen wir das Beispiel einer Recommendation Engine, also einer Vorgehensweise, bei der einer Person individuelle Empfehlungen ausgesprochen werden. Bei der herkömmlichen Vorgehensweise würden wir unterschiedliche Varianten von z. B. einer Werbeanzeige für Socken (Variante A, Variante B und Variante C) Teilmengen der Nutzer zur Verfügung stellen und durch Signifikanztests herausfinden, welche der Varianten A, B oder C am besten abschneidet. Gemessen werden kann diese über die Konversionsrate, d. h. diejenigen Personen, denen die Werbeanzeige A eingeblendet wurde, haben einen signifikant größeren Warenkorb als diejenigen Nutzer, denen die Anzeigen B oder C eingeblendet worden sind. Unter Einbezug einer KI könnte man aber nun zusätzlich herausfinden, ob ein spezifisches Kundesegment existiert, bei dem doch die Anzeige B oder die Anzeige C besser funktioniert als die Anzeige A. Beispielsweise kann die Anzeige A die beste Performance (Größe Warenkorb) über alle Kunden aufweisen. Betrachtet man jedoch lediglich die Kunden unter 30 Jahren, so weist die Anzeige B die höchste Performance auf.

Die durch eine KI gewonnene Erkenntnis, dass die Werbeanzeige B bei Kunden unter 30, die Werbeanzeige A aber bei allen übrigen Kunden die höchste Performance aufweist, kann in einem weiteren Schritt automatisiert umgesetzt werden, d. h., die Anspielung der Anzeigen für Socken erfolgt künftig altersabhängig. Zielsetzung ist es also, die Webseite für eine 1:1- oder 1:n-Kommunikation automatisiert umzubauen.

5.6 Welche Ursachen kann ein Widerstand gegen die datengetriebene Organisation haben?

Doch kein Licht ohne Schatten: Auch wenn die vorherigen Ausführungen deutlich gemacht haben, dass die Automatisierung viel Potenzial für das datengetriebene Marketing besitzt, so bestehen dennoch Vorbehalte gegen einen zunehmenden Einsatz von Maschinen. Zurückzuführen ist dies nicht nur auf den Umstand, dass eine KI auch für unrechtmäßige Zwecke eingesetzt werden kann (siehe folgende Erläuterung). Vielmehr fühlen sich manche Menschen unwohl, wenn Entscheidungen durch eine Maschine getroffen werden. Zumal die Entscheidung nicht immer durch den Menschen überprüft werden kann. Dies kann insbesondere beim Einsatz von Big-Data-Anwendungen vorkommen, da Entscheidungen nicht auf einfachen Wenn-Dann-Logiken fußen.

Erläuterung: Cambridge Analytica

Ein gutes Beispiel dafür, wie mit Daten nicht umgegangen werden darf, ist der US-amerikanische Wahlkampf des Jahres 2016. Es wird davon ausgegangen, dass das republikanische Wahlkampfteam die Daten von rund 87 Mio. Facebook-Nutzern für Werbezwecke nutzen konnte. Ausgangspunkt war die mobile Applikation eines Drittanbieters (thisisyourdigitallife), über die Facebook-Nutzer einen Persönlichkeitstest machen konnten.

Damit besaß der Entwickler detaillierte Informationen von 270.000 Personen – und zwar sowohl durch die beantworteten Fragen der Applikation als auch durch die im Facebook-Profil der Personen hinterlegten Daten. Entscheidend war in der Folge, dass das Unternehmen Cambridge Analytica einen Abgleich zwischen den Daten aus dem Persönlichkeitstests und den Daten aus Profildaten durchführte. Dadurch war es möglich, aus den Facebook-Daten weiterer Personen auf deren Persönlichkeiten zu schließen. Das Wahlkampf-Team von Donald Trump nutzte diese Informationen, um gezielt diejenigen Personen durch Werbung für die Republikaner anzusprechen, deren Profil eine Unschlüssigkeit im Hinblick auf die anstehende Wahl nahelegte (vgl. Revell 2018).

Zusammenfassend können wir festhalten, dass es das Ziel sein muss, der Daten Herr zu werden. Die Analysefähigkeiten eines Menschen sind beschränkt, da nur ein bestimmtes Maß an Daten berücksichtigt und überblickt werden kann. Durch die Menge der heute generierten Daten muss der Analyst zwingend durch eine Maschine unterstützt werden. Daran wird künftig, auch aufgrund der ständig steigenden Datenvolumina, kein Weg mehr vorbeiführen. Auf welchem Weg eine Automatisierung im Unternehmen umgesetzt werden und auch Widerständen begegnet werden kann, damit setzen wir uns im folgenden Kapitel auseinander.

5.7 Leitfragen für Automate

- Brauchen wir eine Automatisierung? Welche Prozessschritte sind in welchem Umfang zu automatisieren?
- Was können wir automatisieren, um in den Phasen Collect, Understand oder Decide besser oder schneller zu werden?
- Sind die technischen Voraussetzungen für eine Automatisierung gegeben?
- Falls die Voraussetzungen nicht gegeben sind: Welche Lösungen/Softwarelösungen brauchen wir?
- Was kostet die Automatisierung? Ist diese Investition langfristig ökonomisch sinnvoll?

Execute – Organisatorische Umsetzung 6

"Without Data You're Just Another Person with an Opinion."
W. Edwards Deming

Der fünfte und letzte Prozessschritt beinhaltet die Umsetzung im Unternehmen und eine ständige Wiederholung der Phasen Understand, Decide und Automate, um das eigene Vorgehen zu optimieren.

In diesem Kapitel setzen wir uns damit auseinander,

- wie ein datengetriebenes Marketing im Unternehmen umgesetzt werden kann,
- welche Herausforderungen dabei typischerweise entstehen und
- wie wir mit diesen Herausforderungen umgehen und sie bewältigen können.

6.1 Welche Voraussetzungen sind für eine Umsetzung notwendig?

In den vorangegangenen Kapiteln haben wir uns mit den Grundlagen zum Thema datengetriebenes Marketing auseinandergesetzt. Wir haben uns angesehen, welche Möglichkeiten Unternehmen zur Sammlung von Daten haben und wie ein Verständnis für die Nutzung von Daten geschaffen werden kann. In diesem Kapitel stehen organisatorische Maßnahmen zur praktischen Umsetzung eines datengetriebenen Marketings im Fokus der Aufmerksamkeit (siehe hierzu Abb. 6.1). Denn die Überzeugung und organisatorische Durchsetzung ist das letzte, aber zugleich auch wichtigste Puzzleteil für eine datengetriebene Organisation: Denn sofern niemand im Top-Management Belege für die Ent-

J. Rashedi, *Datengetriebenes Marketing*, essentials,
https://doi.org/10.1007/978-3-658-30842-1_6

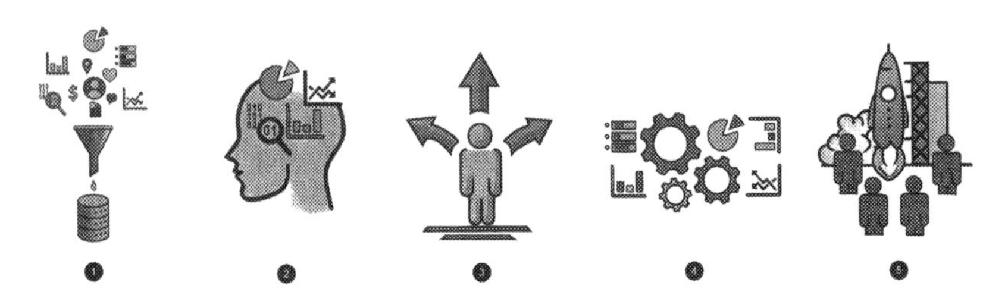

Abb. 6.1 Umsetzung des datengetriebenen Marketings. (Quelle: eigene Darstellung)

scheidung bzw. deren Herleitung haben möchte, werden die Belege auch nicht dokumentiert oder präsentiert, wie z. B. in Abschn. 4.5 beschrieben.

Die Basis für eine datengetriebene Organisation sind der Zugriff auf Daten, das Teilen von Daten sowie deren Nutzung. Um ein datengetriebenes Unternehmen realisieren zu können, ist ein erster wichtiger Schritt, dass nicht nur ein organisatorisch abgegrenzter Bereich wie bspw. das Business-Intelligence- oder Data-Intelligence-Kernteam, sondern das gesamte Unternehmen Zugriff auf die Daten besitzt.

Zur Veranschaulichung der Schaffung organisatorischer Strukturen gehen wir von einer typischen Customer Journey im E-Commerce aus. Diese kann wie folgt aussehen:

- Der registrierte Kunde besucht eine Webseite.
- Dieser Kunde kauft etwas auf der Webseite.
- Er erhält eventuell davor oder danach Empfehlungen über das CRM.
- Der Kunde interagiert mit dem Unternehmen über Social Media.
- In der Folge erhält der Kunde ein Retargeting.

Wenn wir diesen Prozess betrachten, so stellen wir fest, dass nicht nur eine Abteilung mit den in der Customer Journey generierten Daten arbeiten sollte. Doch die vieldiskutierten Silos in Unternehmen verhindern ein abteilungs- oder bereichsübergreifendes Arbeiten mit diesen Daten. Also gilt es, diese Silos aufzubrechen. Meiner Ansicht nach ist es die Aufgabe des Top-Managements, diesen Change einzuleiten. Denn ohne diesen initialen Anstoß würde ein Unternehmen im bisherigen Modus weiterarbeiten.

6.2 Welche Vorteile resultieren aus einer datengetriebenen Organisation?

Eine optimale Nutzung des Wissens kann aber nur erfolgen, wenn es im Unternehmen eine Top-down-Strategie in Bezug auf das Themenfeld Daten gibt und datengetriebene Entscheidungen auch top-down getroffen werden.

Die Mehrwerte einer datengetriebenen Organisation liegen klar auf der Hand. Die Unternehmensberatung Oliver Wyman (o. J.) sieht insbesondere folgende Vorteile:

- Umsatzsteigerung, da durch Predictive Analytics ein genaueres Targeting des Kunden ermöglicht wird. Durch die Anpassung von Maßnahmen wie bspw. Preisen kann schneller auf Marktdynamiken reagiert werden.
- Höhere Loyalität der Kunden, da durch die Identifizierung schwacher Signale im Kundenverhalten die Bedürfnisse des Kunden genauer identifiziert und dem Kunden bessere Angebote unterbreitet werden können.
- Höhere Effizienz, da zum einen Kostentreiber und Effizienzverluste identifiziert werden können. Zum anderen erlaubt eine datengetriebene Organisation, Entscheidungen sehr schnell zu treffen, da die zur Entscheidungsfindung benötigten Daten in Echtzeit zur Verfügung stehen.
- Verringerung des operativen Risikos und von Verlusten, da potenzielle Risiken frühzeitig erkannt werden können. Auch können Kundenabwanderungen frühzeitig aufgedeckt werden, sodass ausreichend Zeit für die Planung von Rückgewinnungsmaßnahmen bleibt.

6.3 Wem gehören die Daten?

Weiterhin muss die Unternehmensführung verdeutlichen, dass Daten nicht das Eigentum einer einzelnen Abteilung sind, sondern allen gehören (Data Democracy).

Als zielführend hat sich herausgestellt, wenn einzelne Personen als Evangelist (= wörtlich übersetzt „Technik-Missionar", der über neue Technologien aufklärt oder zu begeistern versucht) im Unternehmen aktiv sind und sowohl die Bedeutung der Datennutzung hervorheben als auch drauf bestehen, alle im Unternehmen getroffenen Entscheidungen durch Daten zu untermauern.

Rechtliche Aspekte sind nicht zu vernachlässigen
Eine große Hürde im Unternehmen stellt das Überzeugen der Datenschützer dar. Diesem Personenkreis gilt es deutlich zu machen, dass eine Zusammenführung von Daten bei transparenter Dokumentation und der Erfassung klarer Verantwortlichkeit im Umgang mit Daten kein Risiko für das Unternehmen darstellen muss, sondern bei verantwortungsbewusster Nutzung problemlos umgesetzt werden kann. Verantwortungsbewusst kann in diesem Kontext beispielsweise bedeuten, dass ein Aufbrechen von Silos hinterfragt wird, da diese durchaus auch ihre Berechtigung haben können (siehe hierzu Kap. 3). Auf jeden Fall ist Transparenz

hinsichtlich der Speicherung der Daten und deren Verwendung im Unternehmen herzustellen. Denn nur wenn Transparenz über die Nutzung, Speicherung und Verarbeitung von Daten sichergestellt ist, können meiner Erfahrung nach die jeweiligen Datenschützer entscheiden, ob die angedachten Use Cases der Datennutzung rechtlich in Ordnung sind bzw. welche Maßnahmen getroffen werden müssen, um diese durchführen zu können.

Ein entscheidender Aspekt ist in diesem Zusammenhang das Vertrauen in die Daten des Unternehmens. Vertrauen bedeutet hierbei zum einem, darauf vertrauen zu können, dass die verwendeten Daten korrekt sind. Dies wird im zweiten Prozessschritt Understand sichergestellt. Vertrauen bedeutet darüber hinaus aber auch, die Gewissheit haben zu können, dass Daten nicht zum Nachteil von Mitarbeitern, Kunden oder anderen Stakeholdern eingesetzt werden, sondern um einen Mehrwert für das Unternehmen zu generieren.

6.4 Wie setzen wir ein datengetriebenes Marketing organisatorisch um?

Zur Etablierung eines Kernteams existieren unterschiedliche Vorgehensweisen. Es existieren drei Vorgehensweisen, die meiner Ansicht nach besonders gut funktionieren:

1. **Center of Excellence:** Beim Ansatz über ein Center of Excellence übernimmt ein einzelnes Team die zentrale Verantwortung für alle datenbezogenen Themen und für die Etablierung von Strukturen und Prozessen. Dieser Ansatz ist besonders gut für international aufgestellte Unternehmen geeignet, da nicht in jedem Land eigene Strukturen und Prozesse aufgebaut werden müssen.
2. **Embedded Analysts (= verteilte Teams):** Dieser Ansatz sieht vor, dass in den für die Datenerhebung und Datenverarbeitung zuständigen Teams Datenanalysten integriert sind. Die Datenanalysten sind also dezentral in die einzelnen Fachabteilungen integriert, wodurch Ressourcen- oder Prioritätenprobleme vermieden werden können. Dies ist ein Resultat des Umstandes, dass die Ressourcen nur der Abteilung zur Verfügung stehen und nicht allen. Somit muss nur innerhalb der Abteilung priorisiert werden.
3. **Hub and Spoke:** Dieses Vorgehen verbindet die Vorteile der beiden beschriebenen Ansätze, indem ein zentrales Team Strukturen und Prozesse etabliert und Embedded Analysts zur Unterstützung der Fachabteilungen abgestellt sind.

Der Prozess zur Etablierung einer datengetriebenen Organisation lässt sich in fünf Schritte untergliedern:

Schritt 1: Impuls durch das Management
Dieser Aspekt wurde bereits angesprochen. Letztendlich ist es die Aufgabe des Top-Managements, den Etablierungsprozess einzuleiten und anzustoßen.

Praxisbeispiel: Dashboard

In einem meiner Beratungsmandate haben wir nach der Freigabe des Managements Fernseher mit Live-Dashboard je Abteilung aufgestellt. Zusätzlich wurden alle Meetingräume mit Dashboards ausgestattet, auf denen unternehmensbezogene, jedoch nichtkritische Daten angezeigt wurden. Dies hatte großen Erfolg, da jede Abteilung täglich mit den für sie relevanten Daten konfrontiert wurde. ◀

Schritt 2: Messbaren Mehrwert schaffen
Um die Akzeptanz im Unternehmen zu erhöhen, hat es sich als hilfreich herausgestellt, nicht mit Aussagen wie „Wir brauchen Daten für unseren Erfolg" zu argumentieren. Zielführender ist es aufzuzeigen, wie ein im Unternehmen oder im Fachbereich vorhandenes Problem mit Hilfe von Daten gelöst werden kann. So kann bspw. demonstriert werden, wie durch die konsequente Nutzung von Daten die Effizienz erhöht oder Risiken minimiert werden können.

Schritt 3: Keine theoretischen Rohrkrepierer
In Zusammenhang mit dem vorherigen Punkt ist festzuhalten, dass Use Cases nicht nur theoretisch erarbeitet werden sollten. Vielmehr sollte das Heben von Potenzialen sofort im operativen Tagesgeschäft angewendet werden.

Schritt 4: In-Features entwickeln
Bei der Planung von Features sollte in kleinen und einfach realisierbaren Projekten gedacht werden. Denn große Projekte mit hohen Investitionssummen benötigen erhebliche Zeit, bis sie im Unternehmen verabschiedet und schließlich realisiert werden können. Vielmehr sollte das Unternehmen in einzelnen Features denken und die Salami-Taktik nutzen. Das heißt, große Projekte in kleine, handhabbare Teilprojekte herunterbrechen. Dabei sollten zunächst Features realisiert werden, die einen konkreten Mehrwert schaffen. Nachdem der Mehrwert realisiert worden ist, kann an dem nächsten Feature gearbeitet werden usw.

Schritt 5: In der Organisation verankern
Wie im ersten Punkt beschrieben, sollte die Realisierung einer datengetriebenen Organisation immer von der obersten Führungsebene angestoßen werden. Diese Initialzündung führt unmittelbar zu aufbau- und ablauforganisatorischen Veränderungen im Unternehmen (Center of Excellence, Embedded Analysts, Hub and Spoke). In einem weiteren Schritt können Ziele und Wettbewerbe ausgelobt werden. So startete Netflix bspw. einen Wettbewerb, um den vorhandenen Empfehlungsalgorithmus zu verbessern. Das Team, welches die höchste Verbesserung zum Status quo erarbeiten konnte, erhielt eine finanzielle Belohnung (thrillist 2017). Weiterhin gilt es, die mit Daten geschaffenen Mehrwerte oder auch lediglich die Datennutzung in den Zielsystemen der Mitarbeiter zu verankern und Schulungsmodelle für die Mitarbeiter zu entwickeln, damit diese auf die anstehenden Herausforderungen vorbereitet werden.

6.5 Leitfragen für Execute

Umsetzung im Unternehmen:

- Woran machen wir fest, dass unser Unternehmen erfolgreich ist (Umsatzwachstum, Gewinn, Rentabilität, Stabilität ...)?
- Wie relevant sind Daten aktuell für den Erfolg unseres Business?
- Welchen Mehrwert können in diesem Kontext datengetriebene Entscheidungen generieren?
- Wie schaffen wir es, diese Entscheidungen umzusetzen?
- Wie können wir überprüfen, ob eine Entscheidung richtig war?

Datenkultur und Recht:

- Wie ist die Einstellung zu Daten im Unternehmen? Haben wir eine „Datenkultur“?
- Wie wird aktuell mit Daten in unserem Unternehmen umgegangen?
- Wer ist innerhalb des Unternehmens für Daten zuständig?
- Wer ist der rechtliche Ansprechpartner im Unternehmen und kennt er die Verarbeitungsschritte?

7 Zusammenfassung

Wir sind am Schluss des Buches angelangt. Wir gingen von der These aus, dass es sich bei den meisten Märkten um Käufermarkte handelt und ein harter Verdrängungswettbewerb herrscht. Unternehmen benötigen in einer solchen Marktsituation Wettbewerbsvorteile, um ihre Marktanteile zu sichern und im besten Fall durch das Gewinnen von Marktanteilen zu wachsen. Meine Ausführungen sollten deutlich gemacht haben, dass ein Wachstum über datengetriebene Entscheidungen langfristiger und nachhaltiger ist als ein Treffen von Entscheidungen aus dem Bauch heraus.

Auch wenn deutlich wurde, dass jedes Unternehmen seine Entscheidungen durch Daten fundieren sollte, so muss die Umsetzung eines datengetriebenes Marketings immer eine unternehmensindividuelle Entscheidung sein. Bei großen Unternehmen kann es auch sinnvoll sein, für jeden Geschäftsbereich eine individuelle Lösung zu finden. Denn nicht jedes Unternehmen bzw. jeder Unternehmensbereich braucht zwangsläufig eine KI oder umfangreiche Softwarelösungen zum Treffen von Entscheidungen.

Unternehmens- bzw. geschäftsbereichsindividuell bedeutet auch, dass ein Kopieren von Lösungen anderer Unternehmen nicht sinnvoll ist: Man kann sich zwar inspirieren lassen und einzelne Ideen übernehmen. Aber erstens ist die Thematik für die meisten Unternehmen noch sehr neu, und den „heiligen Gral" im Sinne einer absolut besten Lösung gibt es nicht, und zweitens muss eine Lösung, die für Unternehmen A gute Ergebnisse liefert, nicht auch zwangsläufig für das Unternehmen B funktionieren.

Meiner Erfahrung nach handelt es sich beim Thema datengetriebenes Marketing um ein sehr langfristiges Thema mit zahlreichen organisatorischen Implikationen. Der von mir aufgezeigte Prozess ist deshalb in Form eines sich immer wiederholenden Kreislaufes gestaltet. Ein Unternehmen wird also nicht

J. Rashedi, *Datengetriebenes Marketing*, essentials,
https://doi.org/10.1007/978-3-658-30842-1_7

von heute auf morgen die Lösung finden. Vielmehr wird es bei jedem Durchlaufen des Kreislaufes einen höheren Reifegrad erreichen und sich langsam einem idealen Zustand annähern. Wichtig ist es, sich in diesem Prozess nicht von eventuellen Fehlversuchen oder Rückschlägen entmutigen zu lassen. Die angesprochene Salamitaktik stellt einen guten Weg dar, schnell (kleine) Erfolge zu erzielen und auch Rückhalt im Unternehmen zu erreichen.

Da es tagtäglich neue technologische Möglichkeiten gibt, habe ich mit diesem Buch eine sehr generische Vorgehensweise vorgestellt, die sich im Zeitablauf nicht ändert und deshalb langfristig Gültigkeit besitzt. Eine Veränderung gibt es lediglich bei den in den einzelnen Prozessschritten zum Einsatz gelangenden Lösungen.

Abschließend möchte ich Ihnen noch meine Webseite www.jonas-rashedi.de ans Herz legen: Dort stelle ich regelmäßig meine neuen Überlegungen und Erkenntnisse zum datengetriebenen Marketing vor.

Was Sie aus diesem *essential* mitnehmen können

- Einen von technologischen Entwicklungen unabhängigen, eingängigen fünfstufigen Prozess zur Einführung und Umsetzung eines datengetriebenen Marketings
- Konkrete Erkenntnisse und Praxiserfahrungen zu jedem einzelnen Umsetzungsschritt
- Leitfragen zu jedem Prozessschritt, die die Umsetzung im eigenen Unternehmen zu strukturieren helfen
- Hinweise zur organisatorischen Umsetzung und Verankerung

J. Rashedi, *Datengetriebenes Marketing*, essentials,
https://doi.org/10.1007/978-3-658-30842-1

Literatur

finanzen.net. (2020). *Der reichste Mann der Welt: Das könnte Jeff Bezos mit seinem Milliarden-Vermögen kaufen*. finanzen.net. https://www.finanzen.net/nachricht/geld-karriere-lifestyle/luxus-einkaeufe-der-reichste-mann-der-welt-das-koennte-jeff-bezos-mit-seinem-milliarden-vermoegen-kaufen-8819897. Zugegriffen: 13. Mai 2020

Forbes. (2016). *Becoming A Data Driven Organization*. Forbes. https://www.forbes.com/sites/adigaskell/2016/10/28/becoming-a-data-driven-organization/. Zugegriffen: 13. Mai 2020

Gartner. (2020a). *Magic Quadrant Research Methodology*. Gartner. https://www.gartner.com/en/research/methodologies/magic-quadrants-research. Zugegriffen: 13. Mai 2020

Gartner (2020b). Enterprise IT Software Reviews | Gartner Peer Insights. Gartner. https://www.gartner.com/reviews/home. Zugegriffen: 13. Mai 2020

Oliver Wyman. (o. J.). Transforming Into A Data-Driven Organization. https://www.oliverwyman.com/our-expertise/insights/2017/may/transforming-into-a-data-driven-organization.html. Zugegriffen: 13. Mai 2020

Revell, T. (2018). *How Facebook let a friend pass my data to Cambridge Analytica*. New Scientist. https://www.newscientist.com/article/2166435-how-facebook-let-a-friend-pass-my-data-to-cambridge-analytica/. Zugegriffen: 13. Mai 2020

thrillist. (2017). The Netflix Prize: How a $1 Million Contest Changed Binge-Watching Forever. Thrillist. https://www.thrillist.com/entertainment/nation/the-netflix-prize. Zugegriffen: 13. Mai 2020

J. Rashedi, *Datengetriebenes Marketing*, essentials,
https://doi.org/10.1007/978-3-658-30842-1

Printed in the United States
By Bookmasters